Participatory Planning for Climate Compatible Development in Maputo, Mozambique

Planeamento Participativo para o Desenvolvimento Compatível com o Clima em Maputo, Moçambique

Participatory Planning for Climate Compatible Development in Maputo, Mozambique

Planeamento Participativo para o Desenvolvimento compatível com o Clima em Maputo, Moçambique

Vanesa Castán Broto
Jonathan Ensor
Emily Boyd
Charlotte Allen
Carlos Seventine
Domingos Augusto Macucule

≜UCLPRESS

First published in 2015 by
UCL Press
University College London,
Gower Street,
London WC1E 6BT

Available to download free: www.ucl.ac.uk/uclpress

A CIP catalogue record for this book is available
from The British Library

ISBN: 978-1-910634-19-6 (Hbk.)
       978-1-910634-20-2 (Pbk.)
       978-1-910634-21-9 (PDF)
       978-1-910634-22-2 (epub)
       978-1-910634-23-3 (mobi)
       DOI: 10.14324/111.9781910634202

Foreword

Right now, the world's poorest and most vulnerable people are keenly feeling the impacts of climate change. They are being hit hard by increased droughts, floods and extreme weather. And they will be hit even harder in the future.

Because of its coastal location, Mozambique is exposed to severe climate risks, such as flooding, cyclones and sea-level rise. Enabling developing countries like Mozambique to adapt to the effects of climate change and protect its most vulnerable citizens, while growing its economy in a sustainable way, is a critically important challenge.

Meeting this challenge is not just the domain of governments. If there is one message this book drives home, it is that citizens are key agents in enabling countries to respond to climate change. The book rightfully argues that citizens should be regarded as "active and dynamic actors who can not only implement action for the improvement of their communities, but also imagine and define the future of their city."

The book brings this powerful thesis to life by telling the story of how people living in urban poor neighbourhoods in Maputo, Mozambique, were empowered to design and implement activities to help their city adapt to climate change.

It's a story that is close to my heart as the research project detailed in this book was one of the winners of the 2013 Momentum for Change Awards. Each year, the United Nations Climate Change secretariat's Momentum for Change initiative recognizes game-changing initiatives by organizations, cities, industries, governments and other key players taking the lead on tackling climate change. Winning projects – known as "Lighthouse Activities" – recognize climate action that is already achieving real results. These activities illuminate the path forward to a low-carbon, highly resilient future.

The project in Maputo, outlined in this book, was selected to win a Momentum for Change Award because it is an excellent example of how participatory planning can engage residents to explore local responses to climate change.

It's inspiring to learn how some of Maputo's poorest citizens were directly involved in decisions and actions that increased the future sustainability of their neighbourhoods. This included improving and maintaining drainage channels, protecting the water supply, managing local waste and establishing awareness and communication channels between citizens and relevant institutions.

They were also involved in the decision-making process by producing local plans and engaging municipal and national government institutions, which are developing strategies to tackle climate change. The book proves that governments and communities can work together to address climate change through partnerships.

It is my sincere hope that this book sparks other participatory initiatives that put citizens at the centre of climate change planning. I also hope readers of this book will be inspired and get a better sense of what is possible to fight climate change at all levels of society. If the world's poorest and most vulnerable people are taking action, the rest of us have no excuse.

Christiana Figueres, UNFCCC Executive Secretary

Prefácio

Neste momento, as pessoas mais pobres e vulneráveis do mundo estão a sentir profundamente os impactos das mudanças climáticas. Estão a ser duramente atingidas pelo aumento desecas, cheias e condições climáticas extremas. E no futuro, serão atingidas ainda mais duramente.

Devido à sua localização costeira, Moçambique está exposto a riscos climáticos severos, tais como inundações, ciclones e subida do nível do mar. Capacitar os países em desenvolvimento como Moçambique para se adaptar aos efeitos das mudanças climáticas e proteger os seus cidadãos mais vulneráveis, enquanto desenvolve a sua economia de forma sustentável, é um desafio de importância crítica.

Responder a esse desafio não é apenas do domínio dos governos. Se existe uma mensagem neste livro, é que os cidadãos são os agentes chave para reforçar a capacidade dos países para enfrentar as mudanças climáticas. O livro argumenta, com razão, que os cidadãos devem ser vistos como "agentes activos e dinâmicos, capazes não só de implementar medidas para melhorar as suas comunidades mas também imaginar e definir o futuro da sua cidade."

O livro dá vida a esta tese poderosa ao contar a história de como os moradores dos bairros desprivilegiados de Maputo, Moçambique foram capacitados para conceber e implementar actividades para ajudar a sua cidade a adaptar-se às mudanças climáticas.

É uma história que está perto do meu coração, pois o projecto de investigação retratado no livro foi um dos vencedores dos Prémios 'Momento para a Mudança' em 2013. Cada ano, a iniciativa Momento para a Mudança, do Secretariado das Nações Unidas para as Mudanças Climáticas, reconhece as iniciativas transformadoras das organizações, cidades, indústrias, governos e outras entidades chave que estão a assumir a liderança no combate às mudanças climáticas. Os projectos ganhadores – conhecidos por "Actividades-Farol" – são reconhecidos por acções relacionadas com o clima que já estão a alcançar resultados palpáveis. Essas actividades iluminam o caminho para um futuro de baixo carbono e alta resiliência.

O projecto em Maputo, descrito neste livro, foi seleccionado para o Prémio 'Momento para a Mudança' porque é um excelente exemplo de como o planeamento participativo pode envolver os moradores para encontrar respostas locais às mudanças climáticas.

É inspirador aprender como alguns dos cidadãos mais desprivilegiados de Maputo foram envolvidos directamente em decisões e acções que aumentaram a sustentabilidade futura dos seus bairros. As acções incluíram o melhoramento e manutenção de valas de drenagem, a protecção dos sistemas de abastecimento de água, a gestão do lixo local e a sensibilização e estabelecimento de canais de comunicação entre os cidadãos e instituições relevantes.

Os cidadãos também foram envolvidos no processo de tomada de decisão através da elaboração de planos locais e pelo envolvimento com as instituições municipais e nacionais que estão a desenvolver estratégias para enfrentar as mudanças climáticas. Este livro demonstra que através de parcerias os governos e as comunidades podem trabalhar em conjunto para dar resposta às mudanças climáticas.

A minha sincera esperança é que este livro desperte outras iniciativas participativas que coloquem os cidadãos no centro do planeamento para as mudanças climáticas. Também espero que os leitores deste livro fiquem inspirados e tenham uma melhor noção do que é possível fazer para lidar com as mudanças climáticas em todos os níveis da sociedade. Se as pessoas mais desprivilegiadas e mais vulneráveis no mundo estão a agir, o resto de nós não tem desculpa.

Por Christiana Figueres, Secretária Executiva da UNFCCC[1]

---

[1] Convenção Quadro das Nações Unidas para as Mudanças Climáticas

Acknowledgements

The development of this book was funded by the Climate and Development Knowledge Network. The Climate and Development Knowledge Network (CDKN) is a project funded by the UK Department for International Development and the Netherlands Directorate-General for International Cooperation (DGIS), and is led and administered by Pricewaterhouse-Coopers LLP. Management of the delivery of CDKN is undertaken by PricewaterhouseCoopers LLP, and an alliance of organisations including Fundación Futuro Latinoamericano, the International NGO Training and Research Centre (INTRAC), Leadership for Environment and Development International (LEAD International), the Overseas Development Institute and SouthSouthNorth.

Some of the ideas that inform this book have been previously published. Particularly, part of the argument made in Chapter 2 was included in V. Castán Broto, B. Oballa, & P. Junior (2013), 'Governing climate change for a just city: challenges and lessons from Maputo, Mozambique', *Local Environment*, 18 (6), 678–704, and is also underpinned by ideas presented in E. Boyd, J.Ensor, V. Castan Broto & S. Juhola, (2014), 'Environmentalities of urban climate governance in Maputo, Mozambique', *Global Environmental Change*, 26, 140-151; in Chapter 3, the relation between participation and resilience was discussed in J. Ensor, E. Boyd, S. Juhola, & V. Castán Broto (2014), 'Building adaptive capacity in the informal settlements of Maputo: lessons for development from a resilience perspective' in T. H. Inderberg, S. Eriksen, K. O'Brien, & L. Sygna (Eds.) (2015), *Climate Change Adaptation and Development: Transforming Paradigms and Practices* (Routledge, London); the focus on rights as a justification of participation was presented in V. Castán Broto, E. Boyd, & J. Ensor (2015), 'Participatory urban planning for climate change adaptation in coastal cities: lessons from a pilot experience in Maputo, Mozambique', *Current Opinion in Environmental Sustainability*, 13, 11–18; while a critical analysis of the possibilities of partnerships in Maputo is presented in V. Castán Broto, D. Macucule, E. Boyd, J. Ensor, & C. Allen (2015) in an international journal of urban and regional research: 'Building collaborative partnerships for climate change action in Maputo, Mozambique', *Environment and Planning A*, 47(3), 571–87. Some of the findings and insights have also been reported in different presentations and reports made for our funder, the CDKN.

We would like to express our thanks to George Neville for his help as research assistant on some of the earlier mapping of the literature on partnerships in Maputo. We are also indebted to the following individuals who have provided invaluable feedback at different stages of the development of this book: Hayley Leck, Cassidy Johnson, Mark Pelling, David Simon, Hilary Jackson, Barbara Anton, Mairi Dupear, Tim Forsyth and Sarah Birch. Sirkku Juhola, Yves Cabannes and Youcef Ait-Chellouche were valuable advisors who guided us through the development of the project, and Stuart Coupe and colleagues at Practical Action played an important role informing the participatory planning approach.

The authors also wish to acknowledge the support of the Conselho Municipal de Maputo, and the Fundação AVSI, especially Felisbela Materula and facilitators Gilda, Martins, Hélio and Júlio. We would also like to thank the community of stakeholders who generously shared time to assist us in orienting the work in Maputo, including in particular UN-Habitat, DFID, DANIDA and AMOR.

Most of all, this work would have not been possible without the support of the people of Chamanculo C. We would like to thank all the members of the community, especially the CPC representatives: David Vasco Nhancale, Sara Jaime, Telma Elias, Alves Fumo, Ancha Frederico, Ernesto Messias Inguane and all the residents of Block 16A, Bairro of Chamanculo C who generously donated their time to this project and made it possible.

Disclaimer

Agradecimentos

A elaboração deste livro foi financiada pela Rede de Conhecimento sobre o Clima e o Desenvolvimento (Climate and Development Knowledge Network – CDKN). A CDKN é um projecto financiado pelo Departamento para o Desenvolvimento Internacional do Reino Unido (DFID) e a Direcção-Geral de Cooperação Internacional dos Países Baixos (DGIS) e é liderado e administrado pela PricewaterhouseCoopers LLP. A gestão da implementação da CDKN é feita pela PricewaterhouseCoopers LLP e uma aliança de organizações, incluindo a Fundación Futuro Latinoamericano, o International NGO Training and Research Centre (INTRAC), Leadership for Environment and Development International (LEAD International), o Overseas Development Institute, e SouthSouthNorth.

Algumas das ideias que informam este livro foram previamente publicadas. Em particular, parte da discussão apresentada no Capítulo 2 foi incluída em V. Castán Broto, B. Oballa, & P. Junior (2013), 'Governing climate change for a just city: challenges and lessons from Maputo, Mozambique', *Local Environment*, 18 (6), 678-704, e também é fundamentada nas ideias apresentadas em E. Boyd, J.Ensor, V. Castan Broto & S. Juhola, (2014), 'Environmentalities of urban climate governance in Maputo, Mozambique', *Global Environmental Change*, 26, 140-151; no Capítulo 3, a relação entre a participação e a resiliência foi debatida em J. Ensor, E. Boyd, S. Juhola, & V. Castán Broto, (2014), 'Building adaptive capacity in the informal settlements of Maputo: lessons for development from a resilience perspective', e 'Development as usual is not enough' em T. H. Inderberg, S. Eriksen, K. O'Brien, & L. Sygna (Eds.) (2015), *Climate Change Adaptation and Development: Transforming Paradigms and Practices* (Routledge, London); o enfoque nos direitos como uma justificativa de participação foi apresentado em V. Castan Broto, E. Boyd, & J. Ensor (2015), 'Participatory urban planning for climate change adaptation in coastal cities: lessons from a pilot experience in Maputo, Mozambique', *Current Opinion in Environmental Sustainability*. 13, 11-18; enquanto uma análise crítica das possibilidades de parcerias é apresentada em V. Castan Broto, D. Macucule, E. Boyd, J. Ensor, & C. Allen (2015) num jornal internacional de investigação urbana e regional: 'Building collaborative partnerships for climate change action in Maputo, Mozambique', *Environment and Planning A*, 47(3), 571-87. Algumas das constatações e percepções foram também relatadas em apresentações e relatórios feitos para nosso financiador, a CDKN, mas não disponíveis ao público.

Gostaríamos de agradecer George Neville pela ajuda que prestou como assistente de investigação no trabalho anterior de mapeamento da literatura sobre parcerias em Maputo. Agradecemos também os seguintes indivíduos que deram comentários valiosos nas diversas fases da elaboração deste livro: Hayley Leck, Cassidy Johnson, Mark Pelling, David Simon, Hilary Jackson, Barbara Anton, Mairi Dupear, Tim Forsyth e Sarah Birch. Sirkku Juhola, Yves Cabannes e Youcef Ait-Chellouche foram conselheiros valiosos que deram orientações ao longo do desdobramento do projecto, e Stuart Coupe e colegas na Practical Action jogaram um papel importante que informou a abordagem de planeamento participativo.

Os autores reconhecem e agradecem o apoio do Conselho Municipal de Maputo, da Fundação AVSI, especialmente Felisbela Materula e os facilitadores Martins, Gilda, Hélio e Júlio. Igualmente, temos que agradecer a comunidade das partes interessadas que contribuírem generosamente com seu tempo para nos ajudar a orientar os trabalhos em Maputo, incluindo em particular UN-Habitat, DFID, DANIDA e AMOR.

Acima de tudo, este trabalho não teria sido possível sem o apoio da população de Chamanculo C. Desejamos agradecer toda a comunidade, especialmente os representantes no CPC: David Vasco Nhancale, Sara Jaime, Telma Elias, Alves Fumo, Ancha Frederico, Ernesto Messias Inguane e todos os moradores do Quarteirão 16ª que doaram generosamente o seu tempo a este projecto.

Aviso Legal

Contents

Lista de Conteúdos

List of Figures

Lista de Figuras

List of Tables

Lista de Tabelas

List of Boxes

Lista de Caixas

List of Abbreviations and Acronyms

AMOR	Mozambican Recycling Association
AVSI	Italian NGO, the Association of Volunteers in International Service
BS	*Bairro* Secretary
CBO	Community–based organisation
CCCI	Cities and Climate Change Initiative, a programme of UN-Habitat
CCD	Climate compatible development
CDKN	Climate and Development Knowledge Network
CPC	Climate Planning Committee
CQ	*Chefe de Quarteirão* (Head of neighbourhood block)
DFID	UK Department for International Development
DGIS	Netherlands Directorate-General for International Cooperation
DNPA	National Directorate of Environmental Promotion
FEMA	Economic Forum for the Environment
FIPAG	Investment and Patrimony Fund for Water Supply
FUNAB	National Environment Fund of Mozambique
GDP	gross domestic product
INAHINA	National Institute for Hydrography and Navigation
INAM	National Meteorological Institute
INGC	National Disaster Management Institute
INTRAC	International NGO Training and Research Centre
LEAD	Leadership for Environment and Development
MAE	Ministry of State Administration
MCT	Ministry of Science and Technology

MICOA	Ministry for the Coordination of Environmental Affairs
MMC	Maputo Municipal Council
MOPH	Ministry of Public Works and Housing
NGO	non-governmental organisation
PAPD	Participatory Action Plan Development
STEPS	Social, Technical/Financial, Environmental, Political/Institutional and Sustainability
UEM	Eduardo Mondlane University
UNDP	United Nations Development Programme

Lista de Acrónimos e Abreviaturas

AMOR	Associação Moçambicana de Reciclagem
AVSI	ONG Italiana
CDKN	Climate and Development Knowledge Network (Rede para Conhecimento do Clima e Desenvolvimento)
CMM	Conselho Municipal de Maputo
CPC	Comité de Planeamento do Clima
DCC	desenvolvimento compatível com o clima
DFID	Department for International Development (Departamento de Desenvolvimento Internacional do Reino Unido)
DGIS	Directorate-General for International Cooperation (Direcção-Geral de Cooperação Internacional dos Países Baixos)
DNPA	Direcção Nacional de Promoção Ambiental
EPPA	Elaboração Participativa de Planos de Acção
FEMA	Fórum Económico para o Meio Ambiente
FIPAG	Fundo de Investimento e Património de Abastecimento de Água
FUNAB	Fundo do Ambiente
ICMC	Iniciativa de Cidades e Mudanças Climáticas
INAHINA	Instituto Nacional de Hidrografia e Navegação
INAM	Instituto Nacional de Meteorologia
INGC	Instituto Nacional de Gestão de Calamidades
INTRAC	International NGO Training and Research Centre (Centro Internacional das ONG's para Formação e Investigação)

LEAD	Leadership for Environment and Development (Liderança para o Meio Ambiente e Desenvolvimento)
MAE	Ministério da Administração Estatal
MCT	Ministério da Ciência e Tecnologia
MICOA	Ministério para a Coordenação da Acção Ambiental
MOPH	Ministério das Obras Públicas e Habitação
ONG	organização não-governamental
PIB	produto interno bruto
PNUD	Programa das Nações Unidas para o Desenvolvimento
SB	Secretário do Bairro
STEPS	Social, Técnico-Financeiro, Ambiental, Político-Institucional e Sustentabilidade
UCL	University College London
UEM	Universidade Eduardo Mondlane

List of Contributors

Charlotte Allen is an urban planner with almost 30 years' experience of working in Mozambique. In 2011–2013 she facilitated and documented the fieldwork for the participatory action plan in the Chamanculo C neighbourhood of Maputo.

Emily Boyd is Professor of Resilience Geography at the Department of Geography and Environmental Science, University of Reading. Her work focuses on how poverty, collective action and institutions shape resilience in ways that help societies to anticipate or adapt livelihoods under a changing global environment.

Vanesa Castán Broto is Senior Lecturer at the Bartlett Development Planning Unit, University College London. Her research is concerned with climate change, urban governance and environmental justice. She was the Principal Investigator of the project about partnerships for climate change in Maputo, Mozambique.

Jonathan Ensor is a Senior Researcher in Sustainable Development at the Stockholm Environment Institute, University of York. His work focuses on community-based adaptation and the potential for development and governance processes to integrate power and social justice with resilience thinking.

Domingos Macucule teaches planning at the Universidade Eduardo Mondlane, Maputo, Mozambique. His research studies processes of urban governance in peri-urban settlements in Maputo.

Carlos Seventine is the executive secretary of the National Environment Fund of Mozambique (FUNAB).

Lista de Autores

Arq. Charlotte Allen é planeadora urbana com quase 30 anos de experiência em Moçambique. Em 2011–2013 coordenou o processo de elaboração do plano participativo de acção no Bairro de Chamanculo C em Maputo.

Dra Emily Boyd é a Professora de Geografia de Resiliência no Departamento de Geografia e Ciências Ambientais, University of Reading, Reino Unido. O seu trabalho se concentra em como a pobreza, a acção colectiva e as instituições moldam a resiliência de forma a ajudar as sociedades a antecipar ou adaptar os seus meios de vida num ambiente global em mudança.

Dra Vanesa Castán Broto é Professora Sénior na Bartlett Development Planning Unit, University College London, Reino Unido. A sua investigação está relacionada às mudanças climáticas, governação urbana e justiça ambiental. Ela foi a investigadora principal do projeto sobre as parcerias para as mudanças climáticas em Maputo, Moçambique.

Dr Jonathan Ensor é Investigador Sénior no Desenvolvimento Sustentável no Stockholm Environment Institute, University of York, Reino Unido. Os seus estudos concentram-se na adaptação baseada na comunidade e no potencial dos processos de desenvolvimento e governação para integrar o poder e a justiça social no pensamento sobre a resiliência.

Arq. Domingos Macucule é docente na Faculdade de Arquitectura e Planeamento Físico, Universidade Eduardo Mondlane, Maputo, Moçambique. A sua investigação centra-se nos processos de governação urbana nos assentamentos peri-urbanos de Maputo.

Dr. Carlos Seventine é Director Geral do Fundo do Ambiente de Moçambique (FUNAB).

Chapter 1
Introduction

As climate change becomes part of the reality of the lives of millions of urban citizens around the world, cities face the dual challenge of planning for sustainable development and managing the growing climate risks that threaten urban livelihoods. In the global south, in particular, cities are very vulnerable to climate impacts, both because of the current lack of infrastructure and because of the challenges to respond rapidly to climate disasters, whether this is because of lack of coordination, resources or simply because appropriate institutions do not exist.[1] Pro-poor forms of planning are lacking and ready-made solutions from cities in the West are hardly directly applicable in cities in Africa.[2] Scientific knowledge alone cannot provide an adequate response to the planning questions of 'what to do' and 'how to do it'. Instead, city planners draw on diverse resources, including building on previous experiences in the city, writing benchmarking studies based upon experiences in other cities, and experimenting with new and innovative forms of addressing climate change in the city.

Climate change vulnerabilities are shaped by the existing socio-economic conditions of urban citizens. Poverty and inequality bear an important influence on the capacity of urban citizens to access resources and maintain their livelihoods, especially after a catastrophe. Yet citizens should not be regarded as passive subjects who 'receive' planning actions but, rather, as active and dynamic actors who can not only implement action for the improvement of their communities, but also imagine and define the future of their city.[3] On the one hand, including urban citizens in planning is important because they hold crucial contextual knowledge and an

---

1 D. Dodman, J. Bicknell, & D. Satterthwaite (Eds.), 2012, *Adapting Cities to Climate Change: Understanding and Addressing the Development Challenges* (Routledge, London).

2 V. Watson, 2009, '"The planned city sweeps the poor away . . .": Urban planning and 21st century urbanisation' *Progress in Planning* 72, 151–93.

3 D. Harvey, 2003, 'The right to the city' *International Journal of Urban and Regional Research* 27, 939–41.

understanding of local needs which can facilitate the planning process. On the other, there is a democratic imperative to include all urban citizens in devising their own future, participating in actions that actively shape the city they want to live in.

However, there are clear impediments to including local citizens in planning processes, especially the poorest or those who are uneducated in the eyes of city managers. The first impediment concerns the extent to which local citizens can engage with complex information. In the context of climate change this may mean engaging with the ambiguities of modelling climate change and with complex concepts such as risks and uncertainty. How can local residents access and use complex climate change information? The second impediment concerns the extent to which disempowered voices can be brought into a planning process that is shaped by pre-existing power relations. How can planning for climate change challenge the conditions that lead to the creation of urban injustices? The third impediment concerns the extent to which local citizens are able to draw on resources to enable the implementation and replication of initiatives. How can local actors build up a support network to realise their visions? This requires institutional transformations that enable the generation and use of shared experiences and meanings.4

This book tells the story of a participatory planning experience in which we engaged with local residents in a neighbourhood in Maputo, Mozambique, to explore possible local responses to climate change. This was a tremendously enriching experience, and we felt that we had lessons to share from this experiment. Our hope is that this example inspires other participatory initiatives putting citizens at the centre of climate-change planning. As our lessons emerge from the critical analysis of one example, we are not attempting to deliver the definitive guidance for city managers or a blueprint for participatory planning approaches for climate change adaptation. Indeed, our belief is that if participatory processes are going to have an impact, they will need to be developed from within the contextual conditions in which climate change problems are encountered. Yet, experiences such as this one reveal what hinders and what makes participation possible in practice, and thus, this book may help to identify points of entry for participatory planning in other contexts. Our intended audience is, first of all, our students of development planning and environmental studies. Our students face great challenges, and there is a dearth of optimistic examples that,

---

4   M. Pelling, & D. Manuel-Navarrete, 2011, 'From resilience to transformation: The adaptive cycle in two Mexican urban centers' *Ecology and Society* 16(2) 11.

while reflecting on the bumpy road, are also able to show how to construct opportunities for action. We also hope our book will inspire citizens, urban managers and local activists who want to experiment with participation in their own localities and who seek to open up a just process of planning for climate change from the bottom up, such as the dedicated NGO activists, community members and local civil servants that we encountered in Maputo. This is not guidance for urban management, but inspiration in the search for alternatives. Finally, we also hope to reach other 'pracademics' and policy makers like ourselves: that is, people who insist on praxis as a basis for the generation of knowledge and experience and who, simultaneously, find a continuous need to question the lessons learned. This relates to strong traditions in our fields of practice – planning, environmental studies and development studies – to tackle complex problems in the real world as the means to generate new forms of knowledge. While we do not think that there is anything new about the need for participatory planning, we feel an urge to claim planning as a means to address climate change and to demonstrate that for planning to do so it must be participatory. For these reasons, this book focuses less on academic debates, and directs attention instead to our experiences and learning in an action research project that attempted to build partnerships for climate compatible development in Maputo.

1.1. Why do participatory planning for climate change in Maputo?

Our project started with a concern to understand climate compatible development in urban areas. Climate compatible development focuses on development interventions that address the short and long-term challenges of climate change (Box 1).[5] In doing so, climate compatible development in the city needs to address the welfare aspirations of urban citizens, while addressing immediate vulnerabilities to increased climate risks. In addition, climate compatible development needs to take a long-term perspective towards a sustainable society, one which will help stabilise carbon emissions around safe levels. This is, however, not distinct from a more general planning approach to climate change. What distinguishes the notion of climate compatible development is an attempt to focus on both the trade-offs

---

5 T. Mitchell, & S. Maxwell, 2010, 'Defining climate compatible development', CDKN Policy Brief. Climate & Development Knowledge Network, London. Available at <http://r4d.dfid.gov.uk/pdf/outputs/cdkn/cdkn-ccd-digi-master-19nov.pdf>.

Box 1 A definition of climate compatible development

Climate compatible development (CCD) consists of development strategies that 'safeguard development from climate impacts (climate resilient development) and reduce or keep emissions low without compromising development goals (low emissions development)'. Thus, CCD is a response to those who regard adaptation to climate change, climate change mitigation and development as having competing goals.

Within an urban context, CCD refers to interventions which safeguard the city while providing an urban environment where all citizens can thrive. CCD concerns resonate with those of development planning.

More information on CCD is available at the website cdkn.org

and potential co-benefits between seemingly competing objectives for development, mitigation and adaptation. This also directs attention to the links between adaptation and mitigation and how they may interact in every-day experiences – a relationship largely overlooked in the climate change governance literature.[6]

However, 25 years of sustainable development discussions have left behind a whiff of academic scepticism about the possibility of achieving double-win or triple-win solutions without diluting the actual objectives of development or environmental interventions. In short, critics are worried that trying to deliver too much may be a recipe for not delivering anything at all. A comparative analysis of climate compatible development projects, for example, showed that whether triple or double wins can actually be achieved depends on the local conditions of implementation and that, generally, policies that generate visible, physical changes are more likely to generate unintended consequences.[7] Moreover, focusing on finding synergies and benefits may actually distract from achieving the most urgent objectives at hand. As yet, there is little empirical evidence of whether climate compatible

---

6 E. L. Tompkins, & W. N. Adger, 2005, 'Defining response capacity to enhance climate change policy', *Environmental Science and Policy*, 8, 562–71.

7 E. L. Tompkins, A. Mensah, L. King, T. K. Long, E. T. Lawson, C. W. Hutton, V. A. Hoang, C. Gordon, M. Fish, J. Dyer, & N. Bood, 2013, *An Investigation of the Evidence of Benefits from Climate Compatible Development*. SRI Papers N. 44, University of Leeds.

development is actually possible, particularly with regards to addressing climate change in cities. Within this project we found the notion of climate compatible development both a means to generate discussion and a theoretical ideal which sometimes facilitated but at other times constrained local discussions about development and adaptation. Moreover, different members of the team had different views on what climate compatible development meant – from the institutional view of the national government partner, Fundo Nacional do Ambiente (FUNAB), on the potential to establish a more sustainable waste management system for Maputo by involving local residents, to the emphasis of adaptation specialists within the team to address the structural drivers of vulnerability in Maputo through measures for local development. Overall, for the purposes of the participatory planning experiment, we agreed on a loose conceptualisation of climate compatible development as a concept guiding planning for development taking into consideration locally specific climate change information. From this perspective, developing a strategy to synthesise and communicate such information became a key challenge in the project.

In Maputo, this action research project was motivated by a perceived need of government institutions to find ways of involving local citizens in defining climate change strategies. We chose the neighbourhood of Chamanculo C to implement our approach, with the intention of demonstrating a set of practices that could later be replicated across the city. Here climate compatible development emerged linked to improving service delivery to citizens. For example, early on in the project we identified that more sustainable waste management would directly address structural vulnerabilities, as waste often accumulates in drains and contributes to increased impacts of floods. This is the kind of intervention that is particularly visible at the local level, in the accounts and experiences of local residents.

However, we tried to avoid an instrumental approach to participatory planning, looking instead to build upon a deliberative tradition of planning which emphasises local priorities and perspectives.[8] Planning requires the creation of collective visions of the future city. Those visions have to be inclusive and reflect the perspectives of citizens – especially disadvantaged citizens – who are most exposed to climate change. However, achieving collective visions may not happen spontaneously. Instead, external intervention may be required to steer a process that can achieve them. Participatory planning engages with methods for the intervention of citizens in planning

---

8 J. Forester, 1999, *The Deliberative Practitioner: Encouraging Participatory Planning Processes* (MIT Press, Cambridge Mass).

for climate compatible development but assumes that the planning process occurs in an institutional setting that shapes and ultimately determines its outcomes.

Participatory planning is particularly important in the context of climate compatible development. Climate change is a complex problem whose consequences at the local level are not fully understood. Thus, climate change brings an additional layer of uncertainty to the traditional challenges of development emerging from the existence of multiple competing visions of what is to be done. Participatory approaches will be determinant in achieving climate compatible development in cities in the global south.

We also target an urban area because of the dearth of empirical evidence about how urban communities can intervene in climate change action. Urban areas pose specific challenges for climate change adaptation. The key lesson from the study of climate change adaptation in urban areas is the heterogeneity of risk and vulnerability patterns, both across cities and within any given city.[9] While involving urban dwellers is a key aspect of climate change adaptation, there are specific challenges to participatory planning in urban areas, ranging from involving different groups and fitting events within the participatory process, to livelihood patterns constrained by time, access and space.

1.2. Book structure

The book has three themes. The first theme addresses the question of how local residents can engage with complex climate change information. As of today, there are no precise climate models that can predict how climate change will unfold in every location. Downscaling of global climate models (also referred to as General Circulation Models) is the most common approach to estimating the impacts of climate change in a particular location. However, local managers may lack the time to engage with complex scientific debates and thus may struggle to bring them into the local context of participation.

The second theme addresses the question of how planning for climate change can challenge the conditions that lead to the creation of urban injustices. Our approach locates urban resilience as emerging from networks of

---

9   D. Satterthwaite, S. Huq, H. Reid, M. Pelling, & P. R. Lankao, 2007, *Adapting to Climate Change in Urban Areas: The Possibilities and Constraints in Low- and Middle-Income Nations*, Human Settlement Discussion Paper Series (International Institute for Environment and Development – IIED).

which urban citizens are an integral part. A participatory planning methodology, however, needs to bring to the fore the diversity of participants within those networks, to integrate the views of vulnerable groups and minimise local conflicts. The objective is to facilitate cooperation among local residents towards a collective proposal for active change, within existing resources and possibilities, which fully considers climate compatible development.

The third theme engages with the question of how local actors can build up a support network to realise their visions. Our proposal is to build partnerships for climate compatible development. Social groups, government and businesses may enter partnerships for the sustainable delivery of urban services. Partnerships emerge as a key instrument to deal with the challenges of achieving low carbon and climate resilient services. The inclusion of private actors in public initiatives can provide additional resources and expertise necessary to complete climate change action, and the participation of civil society organisations and communities can provide a high profile for the issue, easing the path for municipal policies and enhancing their legitimacy and representativeness.

The proposals in this book are not ready-made solutions that can be easily exported to every other context. To make this clear, they are presented in reference to our experience in Maputo and the dynamics of that context. However, they provide a starting point for reflecting upon the possibilities for action in other contexts. Faced with the challenges of uncertainty, experimentation emerges as a key alternative that can lead to better outcomes for climate compatible development.

Chapter 2
Incorporating Climate Change Knowledge in Participatory Planning

Achieving climate compatible development requires something other than simply incorporating climate information into current development processes. Adapting to climate change will require building resilience and flexibility in planning, through the establishment of a variety of networks that can respond to the unexpected changes likely to occur with the onset of climate change.[1] Mitigating climate change will require sustainable development strategies that take a long-term perspective on the kind of economic development pathways that will generate low carbon societies. Within an urban context, there are multiple conflicts about what are the most appropriate strategies to achieve both mitigation and adaptation, and whether there are trade-offs between the two.[2] For example, policies conducive to mitigating climate impacts, such as high density planning, may exacerbate immediate climate risks through exposure to typhoons and heatwaves. Moreover, there may be further trade-offs between climate change and development objectives. For example, the electrification of a new neighbourhood may lead to higher energy consumption patterns.

The question of what to do in the context of climate change is complicated by the fact that different actors may hold different views about the specific nature of the challenge and how to act upon it. This sometimes follows disagreements among experts. At other times, different perspectives are shaped by the different interests of the various actors – for example, whether city management strategies should focus on promoting growth or on ensuring a quality of life for all citizens. In any case, there is a need to

---

1   E. Boyd, H. Osbahr, P. J. Ericksen, E. L. Tompkins, M. C. Lemos, & F. Miller, 2008, 'Resilience and "climatizing" development: Examples and policy implications' *Development* 51, 390–6.

2   S. Davoudi, J. Crawford, & A. Mehmood, 2009, *Planning for Climate Change: Strategies for Mitigation and Adaptation for Spatial Planners* (Earthscan, London).

foster dialogue between all these actors, who hold different views on the significance of climate change, in order to coordinate efforts for climate compatible development.[3]

In order for this dialogue to start, climate information needs to be presented in a way that is useful for all intervening actors. This does not mean simplifying complex information but, rather, establishing its relevance in a given context. Establishing relevance is often akin to evaluating the local experience and the future possibilities for development. Past experiences of disasters and examples of successful environmental policies help to foster both public engagement and action. Thus, the first challenge that this approach raises for climate compatible development is how to handle information on climate change and vulnerability, without losing track of the planning objectives.

2.1. Uncertainty in climate information

Climate compatible development strategies acknowledge the uncertainty inherent in climate change knowledge. This means several things at once. Uncertainty may be related to a lack of information. This is particularly true of African cities such as Maputo, where both climate and vulnerability data may be unreliable or simply missing.

However, talking about uncertainty also means realising that science cannot provide a straightforward answer for complex problems.[4] One characteristic of complex problems is the existence of multiple views on the same problem. These may lead to conflict in proposing a future course of action. For example, in Maputo, vulnerability is linked both to the presence of settlements in high-risk areas and to their lack of access to services.[5] If the two are simultaneously valid, neither displacing people nor providing services to those areas will solve the vulnerability conundrum. Different views exist, shaped both by experiences of the urban environment and expectations about how the city, and its citizens, can thrive. Some institutions and powerful actors, such as large corporations, may shape such views according to their own interests.

3   K. Collins, & R. Ison, 2009, 'Editorial: living with environmental change: Adaptation as social learning' *Environmental Policy and Governance* 19, 351–7.

4   J. Van der Sluijs, 2006, 'Uncertainty, assumptions and value commitments in the knowledge base of complex environmental problems', in A. G. Pereira, S. G. Vaz, & S. Tognetti (Eds.), *Interfaces Between Science and Society* (Green Leaf Publishing, Sheffield, UK), pp. 64–81.

5   V. Castán Broto, B. Oballa, & P. Junior, 2013, 'Governing climate change for a just city: Challenges and lessons from Maputo, Mozambique' *Local Environment* 18, 678–704.

Another characteristic of complex problems is that they may be intrinsically unknowable, that is, there may be aspects of them that cannot be known. For example, global circulation models are ill-suited to model climate change impacts at the local scale.[6] Moreover, there is greater indeterminacy when considering climate futures and the multiple possibilities of climate action.

However, lack of knowledge is not necessarily an obstacle to action. In planning, there has long been recognition that achieving complete knowledge is not possible in the process of agreeing possible collective urban futures. Experts cannot provide a complete response to the questions of planning, let alone defining adaptation and mitigation pathways. Instead, much planning theory and practice has been directed towards enabling dialogue between multiple actors so that, through deliberation, concrete proposals for collective action can emerge.[7]

This means adopting an experimental approach to actions for climate compatible development.[8] Taking action towards a particular purpose will require being open and flexible about how the action unfolds in a given context. Adaptive governance, in particular, looks at the evolution of institutions in order to manage resources in relation to the changing demands of society and ecosystems. Because of the need to respond to change, different institutional actors may be in a position to deliver positive responses at different points in time. Experimenting for learning is a key strategy for adaptive governance which can be supported through the establishment of networks and linkages between relevant organisations and concerned social groups.[9]

A key aspect of this would be to find the means to transfer climate change and vulnerability knowledge across networks. This would require a strategy for communication of scientific knowledge that aims to remove the boundaries between science and other forms of knowledge in climate compatible development. In particular, dialogue can only start when science is not considered as providing a superior form of knowledge but, rather, is

6   R. L. Wilby, & T. Wigley, 1997, 'Downscaling general circulation model output: A review of methods and limitations' *Progress in Physical Geography* 21, 530–48

7   P. Healey, 1997, *Collaborative Planning: Shaping Places in Fragmented Societies* (Macmillan, London); J. E. Innes, & D. E. Booher, 1999, 'Consensus building and complex adaptive systems: A framework for evaluating collaborative planning' *Journal of the American Planning Association* 65, 412–23; J. E. Innes, & D. E. Booher, 2010, *Planning with Complexity: An Introduction to Collaborative Rationality for Public Policy* (Routledge, London and New York).

8   H. Bulkeley, & V. Castán Broto, 2013, 'Government by experiment? Global cities and the governing of climate change' *Transactions of the Institute of British Geographers* 38, 361–75; V. Castán Broto, & H. Bulkeley, 2013, 'A survey of urban climate change experiments in 100 cities', *Global Environmental Change* 23, 92–102.

9   For example, see R. D. Brunner, & A. H. Lynch, 2010, *Adaptive Governance and Climate Change* (American Meteorological Society, Boston).

understood as giving additional insights to those of current actors intervening in the process. Here, the science of climate change has to be approached in relation to its persuasive capacity, in other words, by asking what pieces of this information would change the course of action in the local setting.

Incorporating climate change information into participatory planning requires focusing on sharing climate change information, rather than exploring its detail. We followed an iterative process of message definition and refinement, synthesised schematically in the flow chart presented in Figure 1. The steps suggested in the synthesis are as follows:

- Step 1: Compilation of key sources of knowledge
- Step 2: Using those sources to define risks and vulnerability in relation to the intervention's objectives

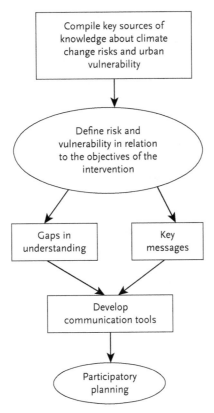

Figure 1
Synthesis of the climate change communication process adopted within the project.

- Step 3: Synthesising the key messages together with an assessment of gaps in knowledge and other sources of uncertainty
- Step 4: Preparing suitable means of communication that can feed into participatory planning.

The objective here is to develop key tailored messages that can start the discussion from a climate change angle and provide entry points for collaboration opportunities. Although, for simplicity, the scheme is presented here in a linear form, it is implemented through an iterative process.

Overall, our approach focused on developing clear messages with clear relevance to the local context of climate change and vulnerability in Maputo, and especially in the site of study, Chamanculo C.

2.2. Understanding current climate change knowledge in the site of study

Although there have already been attempts to plan for climate change by incorporating different interest groups in the development of climate change knowledge and scenarios,[10] it is most likely that a planning project will have neither the resources nor the time to engage in such an exercise. Instead, the project may be limited to existing sources of data. There are multiple sources of knowledge that may contribute to a compilation of climate change risks and vulnerabilities, for example:

- Sources that downscale results from global climate models
- Sources that integrate different types of global, regional and local data, often through interviews with key experts and stakeholders
- Sources that use indicators to develop analysis on a comparative basis.

One possible source of data, which downscales results from global climate models,[11] is the UNDP Climate Change Country Profiles. These profiles provide a summary of the results of 'climate model experiments' for each

---

10   F. Berkhout, J. Hertin J, & A. Jordan, 2002, 'Socio-economic futures in climate change impact assessment: Using scenarios as "learning machines"' *Global Environmental Change* 12, 83–95.

11   Global climate models are under constant development, not only in terms of incorporating atmospheric and oceanic complexity, but also in terms of facilitating the integration of different models. The World Climate Research Programme has developed an experimental protocol to collect the outputs from models developed in leading modelling centres around the world. The data is freely available for non-commercial uses (see http://www-pcmdi.llnl.gov/new_users.php).

Table 1 Key insights from the UNDP Climate Change Mozambique Profile

Observed trends	Temperature	Mean annual temperature has increased by 0.6°C between 1960 and 2006.
		Daily temperature observations show significantly increasing trends in hot days and nights in all seasons since 1960.
		Frequency of cold days and nights has decreased.
	Precipitation	Mean annual rainfall has decreased by an average of 2.5mm per month.
		The proportion of rainfall falling in heavy events has increased; 5 day annual rainfall maxima have increased by 8.4mm per decade.
Projected trends	Temperature	The mean annual temperature is projected to increase by 1.0 to 2.8°C by the 2060s, and 1.4 to 4.6°C by the 2090s.
		The projected rate of warming is more rapid in the interior regions of Mozambique than in areas closer to the coast.
		All projections indicate substantial increases in the frequency of days and nights that are considered 'hot' in current climate.
	Precipitation	Projections of mean rainfall do not indicate substantial changes in annual rainfall.
		Overall, the models consistently project increases in the proportion of rainfall that falls in heavy events in the annual average under the higher emissions scenarios, of up to 15% by the 2090s.

country and, as such, they should be understood as simulations to be read together with regional-specific data.[12] The UNDP profile for Mozambique[13] (summary provided in Table 1) highlights the increase in temperature and decrease in precipitation already observed in the country. The projections suggest geographical variability and, especially, an increase in the proportion of rainfall occurring in heavy events.

Downscaling global climate models is not straightforward and it is best done with reference to ongoing climate estimations at the regional scale. Many countries have completed this process in their development of National Adaptation Plans. In Mozambique, the National Disaster Management Institute (Instituto Nacional de Gestão de Calamidades, INGC) has developed, within its disaster management remit, a comprehensive assessment of climate change risks in the country, with a dedicated chapter to coastal cities in

12   C. McSweeney, G. Lizcano, M. New, & X. Lu, 2010, 'The UNDP Climate Change Country Profiles: Improving the accessibility of observed and projected climate information for studies of climate change in developing countries' *Bulletin of the American Meteorological Society* 91, 157–66.

13   UNDP Climate Change Country Profiles available at <http://www.geog.ox.ac.uk/research/climate/projects/undp-cp/>. Accessed 27 June 2015.

Table 2 Proposed measures to address climate change risks by sector (adapted from CCCI)

Sector	Type of mitigation and/or adaptation measures
Urban infrastructure and planning	• Improving drainage/storm water systems • Building dykes for coastline protection • Implementing urban adaptation/mitigation plans
Housing and building codes	• Building sustainable social housing • Applying building codes for resistance to natural disasters
Water, sanitation and health	• Improving the use and supply of water resources • Providing basic services to the urban poor • Promoting health education
Urban environmental quality and green areas	• Improving solid waste management • Supporting urban agriculture • Protecting green areas and wetlands • Installing ecological water treatment systems

Mozambique.[14] We did a comparative analysis of the results from the UNDP downscaling of scenarios and the INGC report. Both analyses agreed in the overall trend (increase in temperatures and rainfall variability) but the INGC assessment established how these trends will play out in context, by relating those trends to specific hazards such as cyclones, flooding and sea-level rise.

In its initial phase, the INGC characterised the drivers of climate change impacts and vulnerabilities in the whole country, putting Maputo in the list of cities where climate change was likely to have the greatest influence. In its second phase it developed practical recommendations for implementation and monitoring. In the second phase there was a higher emphasis on establishing the key impacts and developing a climate change strategy for Maputo (including mitigation and adaptation measures). This work resonates with the city-level assessment advanced in UN-Habitat's Cities and Climate Change Initiative (CCCI) [15] (see Table 2).

Vulnerabilities will be related to a specific hazard. For example, a key hazard in Maputo is flooding of the suburban areas or *bairros*. In Chamanculo C, vulnerability is closely linked, for example, to poverty and

---

14   McKinsey & Co., 2012, *Responding to Climate Change in Mozambique: Theme 3: Preparing Cities* (INGC, Maputo).

15   UN-Habitat Cities and Climate Change Initiative is an ongoing project that seeks to enhance the preparedness and mitigation activities of cities in developing countries. It developed a comprehensive assessment of climate change impacts and institutional capacity in Maputo which is available at MMC, UN-Habitat, Agriconsulting, 2012, 'Availação detalhada dos impactos resultantes dos eventos das mudanças climáticas no Município de Maputo' (UN-Habitat, Nairobi).

Box 2 Key impacts in Chamanculo C and other bairros in Maputo (adapted from MMC et al., 2012)

- *Water stagnation.* After minor rains, in many *bairros* deep puddles occupy the entire street section for long stretches. This prevents the circulation of vehicles and hinders the pedestrian.

- *Dwellings flooded.* In some cases the sediments transported by floods have raised the street level. Over time the houses are one metre or more below the street level. Houses with these features are easily flooded. Once water gets into houses it stagnates for a long time.

- *People can't get away from home.* At times the conditions mentioned above impede residents going to work or school.

- *Schools flooded.* The access road or the backyard of some schools is flooded after short rains. This forces schools to close. Children do not go to school.

- *Pit latrines and wells flooded.* In some *bairros* pit latrines are still the main sanitation system and open wells are still in use. In cases of significant flooding, the contents of the pit latrines overflow and the areas surrounding open wells become contaminated.

- *Health problems linked to flooding.* Diarrhoea, malaria, and cholera cases increase after flooding.

- *Soil erosion.* In Maputo municipality the soils are predominantly sandy, which make them prone to erosion. Sediment covers the bottom of watersheds, drainage channels and paved streets.

- *No access to informal markets.* Informal markets occupy streets, usually unpaved. These activities are usually suspended during floods.

- *Loss of food and belongings.* Flooding of ground floor dwellings damages food and belongings.

- *Loss of crops.* Large areas of urban agriculture exist in Maputo. Most of these areas are flood-prone.

access to resources, existing soils, the coverage of built-up and paved surfaces, drainage and tree canopy. One important vulnerability factor is the presence of a waste accumulation, 5 to 15 metres in height and completely surrounded by houses, which may increase run-off, blockage of drainage channels and contamination of living spaces, with potential detrimental effects on health. After interviewing community members, the consultant report for INGC identified different impacts of flooding in Chamanculo C in relation to vulnerability and exposure factors (Box 2).

2.3. From understanding climate impacts to establishing the possibilities for action

At the city level, an understanding of the hazards is coupled with an analysis of both urban capacities and vulnerabilities in order to establish mitigation and adaptation measures. The example in Table 2 is adapted from the UN-Habitat CCCI, the other plans have also taken a similar approach.

Moving from a global problem to local concerns, there is an emphasis on risks whose potential consequences resonate with recent events in the city. This helps to enrol relevant actors in mediating and bringing about climate action. In their Cities and Climate Change Initiative, UN-Habitat identified actors with the potential to contribute to adaptation actions in relation to climate risks and potential impacts (Box 3).

The way solutions are proposed in Table 2 restricts the possibilities to forms of planning that engage with a limited number of actors: those who operate and are visible at the national level. The municipality is regarded as an intermediary that can carry out actions on the ground and communicate with the local population, especially disadvantaged communities. There is no central role for either the municipality or the communities. The focus is on national-level government institutions and the development of plans and programmes on a large scale. This makes sense when the focus is to tap into the current international financial structure for climate change. National governments, rather than local governments, are better placed to use these resources to address climate change, even if its consequences emerge at the local level.

While this approach may be completely justified in the development of national adaptation and mitigation plans – which are oriented towards structuring national actions for climate change – it may overlook at the local level both areas of increased risk and areas of opportunity. First of all, it overlooks the wide variety of actors who may intervene in the public, private and third sectors. For example, Figure 2 (a Figure developed by the INGC) analyses how cyclones and flood

Box 3   Key stakeholders for implementing climate change strategies in Maputo, as identified by UN-Habitat Cities and Climate Change Initiative in Mozambique (adapted from UN-Habitat CCCI Program)

At central government level, (a Figure developed by the INGC) six departments and agencies:

- The Ministry for the Coordination of Environmental Affairs (MICOA), as the focal point for coordinating matters related to climate change.
- The Ministry of Public Works and Housing (MOPH), involved with building codes, housing development strategies and capital investment in water and sanitation.
- The Ministry of State Administration (MAE) that includes (a) the National Institute of Disaster Management (INGC); and (b) the National Directorate for Municipal Development.
- The Ministry of Science and Technology (MCT), which tests innovative and sustainable solutions/technologies for mitigating/adapting to climate change-related effects.
- The National Institute for Hydrography and Navigation (INA-HINA), which is responsible for the deployment and maintenance of tide-gauge stations and for sea-level data.
- The National Institute of Meteorology (INAM).

At the municipal level the project highlighted the role of the Maputo Municipal Council (MMC). The Maputo Municipal Council (MMC) is the main municipal focal point for (i) urban planning for climate change adaptation; (ii) coordinating the planning and execution of pilot interventions; (iii) training and capacity-building programmes; and (iv) serving as intermediary to access the final beneficiaries.

The academic sector included particularly the Eduardo Mondlane University (Universidade Eduardo Mondlane – UEM) that is involved in the development and testing of climate change adaptation/mitigation tools and methods.

risks in Maputo may affect the private sector. The figure highlights how climate impacts translate into two main business risks: 'failure in logistics' and 'workforce absenteeism' in five different economic sectors (tourism, services, industry, banking, transport and communications). It highlights a number of key companies that will be directly affected by those risks.

This is a key assessment for investors and multinational corporations that work in or are thinking of establishing themselves in Maputo. Such an approach is suitable for understanding how climate change may affect the economy in terms of indicators such as GDP growth. However, analyses of this kind focus on one single sector or one level of analysis. They are likely to exclude a number of enterprises or people who operate elsewhere, or who do not operate at this level. For example, workforce absenteeism is a problem that gains a new dimension when we consider small businesses, even informal ones, whose inability to access city markets may mean the dismantling of their livelihoods. Logistic failures are seen differently for those

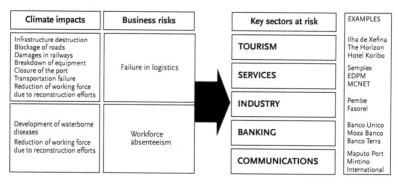

Figure 2
Climate risks to business in Maputo (source INGC).

citizens who routinely deal with unpaved roads as part of their everyday activities. Overall, the risks above as highlighted in the analysis are trivial for those whose well-being and livelihoods are intrinsically linked. Lack of visibility of economic actors, working in almost anything from tourism to services, means lack of consideration of their vulnerabilities in analyses of this kind.

The possibilities for fostering planning concerned with social justice are hindered by the predominant approaches to managing cities such as Maputo, which emphasise competitiveness and the attraction of foreign capital for urban economic growth over the needs of the majority of citizens who, in the main, support the city's growth. In our analysis of climate change information in Maputo, for example, we found an emphasis on both ensuring that climate change does not affect existing businesses and ensuring that those businesses are able to tap into existing climate change resources – in the context of growing financial resources for climate change adaptation in Africa.

This approach is detrimental to addressing climate change at the local scale. First of all, the emphasis on protection of the formal private sector draws attention away from the need to address vulnerabilities as they play out in the local context. In Maputo, addressing the needs of local citizens is the best way to address climate change vulnerabilities. Moreover, strategies for protecting business may focus on established companies, which are able to reach beyond the city economy – often multinationals – without recognising the significance of the potential for economic growth that can be found among local businesses and the informal economy.

While the key issue in this context is climate change adaptation, there is a case for evaluating the potential benefits of integrating these recommendations within disaster risk reduction agendas in Maputo.[16] On the one hand, much learning can emerge from previous disaster risk reduction experiences. On the other hand, the longer timescales that must be adopted in order to develop an effective climate compatible development perspective may also benefit the efforts of disaster risk reduction professionals and their capacity to influence international agendas.

2.4. Engaging citizens in action through the co-production of climate change knowledge

The section above suggests that one way to deal with complex climate change information is to relate existing models to the urban context in

---

16   For a discussion, see T. Mitchell, & M. van Aalst, 2008, 'Convergence of disaster risk reduction and climate change adaptation'. A review for DFID, 31 October.

which they are applied. However, the analysis also shows that an approach that focuses too narrowly on specific interventions and limits the actors involved to either the national government or big corporations is likely to overlook the concerns of local institutions and citizens. Mechanisms to engage a broader range of stakeholders may help to address directly the concerns of Maputo citizens by finding relationships between their ongoing struggles and their potential vulnerabilities.

In that sense, climate compatible development that addresses the needs of the urban poor should be oriented towards addressing the development needs of vulnerable populations. For example, service provision needs – from drainage to schooling – may determine the severity of impacts in that particular context. Access to livelihood sources will be crucial to establish citizens' capacity to cope with disasters. Simultaneously, citizens may associate urban futures with the sustainability of development options to improve their neighbourhood.

Interpreting climate data and what it tells us requires capacity building, both for understanding the information and for interrogating the value of transferring global climate models to a specific local context. Presenting climate information in an accessible way is a strategy for enrolling a broader section of publics and interest groups in climate action. For example, when experts make clear the relevance of their data for the lives of local residents and these are able to identify both vulnerability factors and potential courses of action within their neighbourhoods, they are all collectively participating in a process of knowledge co-production.

Residents may be unable to engage with complex problems that appear to unfold in distant settings, such as climate change. This is especially the case when citizens' capacity to engage with environmental action is shaped by a host of daily problems and doorstep issues – such as the dumping of waste, the lack of drainage and sanitation, the poor state of roads and the lack of access to health and school services – which may limit their capacity to engage with climate change if it is framed as an abstract global problem.[17] Instead, it is possible to establish a relationship between the potential impacts of climate change in a given setting and the consequences for the most vulnerable sectors of the urban population. In this project, we had a limited time frame to engage with downscaling scenarios, but a review of literature and consultations with key local actors helped us to make an estimation of possible impacts in Chamanculo C. The extent to which such impacts can be quantified depends on the availability of data.

---

17   K. Burningham K, & D. Thrush, 2003, 'Experiencing environmental inequality: The everyday concerns of disadvantaged groups' *Housing Studies* 18, 517–36.

In the case of flooding, we were able to relate climate change information with recent flooding events.[18] Floods and urban risks are linked not only to meteorological data about precipitation but also to urban planning, land use, drainage and other issues which all relate to existing vulnerabilities in the urban context. Floods are only linked to precipitation in some cases; in other cases they are more linked with raising of the water table. Floods are also related to factors in the wider context, such as deforestation and practices in other regions. The Zambezi River, for example, influences Mozambique within a broader regional context in which Mozambique suffers most of the consequences of the poor management upstream. Overall, the range of factors that determine vulnerabilities to a particular event are only understood in relation to multiple connections and actions which operate within and beyond the city.

Thinking about knowledge co-production means recognising, on the one hand, the important knowledge that local communities and citizens may hold, both in terms of understanding local vulnerabilities for climate change and of identifying opportunities for sustainable development. Knowledge co-production emerges from a process of shared learning through iterative deliberation in which different groups and stakeholders share experiences and understandings.[19] On the other hand, it means bringing this knowledge together with technical assessments of climate change concerns in a local context to build a collective understanding of the issues that the city faces. This also means informing users, providing access to information that can be understood and acted upon locally. In doing so, those who have the resources or position to act as experts need to actively recognise the role that citizens can play in planning for climate change.

Participatory planning methodologies are oriented towards facilitating knowledge co-production and enabling collaborative action. Learning processes are integral to transformative development.[20] At the outset, these methodologies enable professionals to deliberately engage with the concerns of communities. However, during the process, the responsibility should be transferred to communities to enable self-mobilisation, so that urban citizens can actively take initiatives independently from initiators or institutions, which also intervene in shaping the city. In doing so,

---

18 ActionAid, 2006, *Climate Change, Urban Flooding and the Rights of the Urban Poor in Africa: Key Findings from Six African Cities* (ActionAid International, London, Johannesburgh).

19 ISET, 2010, *The Shared Learning Dialogue: Building Stakeholder Capacity and Engagement for Resilience Action*, Climate Resilience in Concept and Practice Working Paper 1 (Boulder, Colorado).

20 T. Tanner, & A. Bahadur, 2012, *Transformation: Theory and Practice in Climate Change and Development*, in Institute of Development Studies Briefing Note (IDS, London).

participatory planning methodologies may challenge established power relationships, particularly if they enable citizens to attain a status as experts in their own concerns and as agents of change.

2.5. Key lessons

- Planning projects, which often lack resources for a full climate change scenario analysis, can use multiple sources of climate change information at the local level, including analyses that build upon downscaling global climate models, indicators, and urban climate studies complement this information with expert consultations.
- Relating climate change risks to specific impacts at the urban scale and to vulnerability factors helps in mapping the opportunities and needs for action in a particular city.
- A process of knowledge co-production for climate compatible development will entail presenting expert analyses of climate change information in an accessible way and incorporating contextual understandings of vulnerability factors and potential courses for action.

Chapter 3
Co-constructing CCD Knowledge through Participatory Action Planning

3.1. Introduction

Citizens need a range of technical services to achieve climate compatible development. They need risk management organisations, including those which quantify risk and those which manage it. They also need innovators and supporting institutions to implement sustainable development solutions. However, those very organisations also need citizens to achieve their climate compatible development objectives. They need citizens to define key problems and to explain what solutions would best fit their lives and livelihoods. They also require them to engage with new proposals and make them a reality. They need citizens in order to gain legitimacy and to ensure a future together. All these institutions and people who work together for the future of the city are involved in a process of knowledge co-production, that is, a process in which they listen to and learn from each other before taking further steps towards climate compatible development actions.

Participation can be conceptualised here as an active form of citizenship or as a right to shape processes of development, rather than as invitation from external actors to participate in them.[1] In an urban context, this form of participation – understood as a right – emerges linked to ideas about the right to the city, that is, the multiple claims that emerge from citizens who want to have a say in the process of urbanisation and how it happens, but who may be unable to put forward their visions within existing

---

[1]   J. Gaventa, 2004, 'Towards participatory governance: Assessing the transformative possibilities', in M. Hickey, & G. Mohan (Eds.), 2004, *Participation: From Tyranny to Transformation* (Zed Books, London), pp. 25–41.

political configurations.[2] As a slogan first popularised by the urban philosopher Henri Lefebvre, the idea of the right to the city evokes the possibilities for urban citizens to participate in the definition of their own futures.[3] From a rights-based perspective, knowledge co-production should be a key outcome of planning processes.[4]

Participatory Action Plan Development (PAPD) is a methodology that aims to build this dialogue for knowledge co-production.[5] Its objective is to enable the community to develop the ability to articulate their needs so that they gain the capacity to influence policies and processes at the district, national and international levels. This is done through building forms of consensus among different interest groups, thereby enabling the community to prioritise problems and implement potential solutions. PAPD is a methodology for understanding how power relations shape local development opportunities and, in this context, developing the conditions for power sharing between citizens and the multiplicity of institutions and interests that influence their lives. Ideally, such exercises could enable: 1) power sharing arrangements for expanding citizens' networks, voice and influence; 2) mechanisms for sharing knowledge and information for adaptation decisions; and 3) opportunities for experimentation and testing of adaptation options (see Figure 3).

PAPD works towards creating a process that enables knowledge co-production. At the community level this means recognising the diversity of community needs and perspectives and incorporating such diversity within the planning process. Thus, PAPD emphasises building relationships between diverse social groups to raise awareness and understanding of their different perspectives. It requires facilitation to ensure the full participation

---

2   D. Harvey, 2003, 'The right to the city' *International Journal of Urban and Regional Research* 27, 939–41.

3   H. Lefebvre, 1996, 'The right to the city', in E. Kofman, & E. Lebas, (Eds.and Trans.), *Writings on Cities* (Blackwell, Oxford), pp. 147–59; see also N. Brenner, P. Marcuse, M. Mayer (Eds.), 2011, *Cities for People, not for Profit: Critical Urban Theory and the Right to the City* (Routledge, London).

4   For an account of our rights-based approach to participation, see V. Castan Broto, E. Boyd, & J. Ensor, 2015, 'Participatory urban planning for climate change adaptation in coastal cities: Lessons from a pilot experience in Maputo, Mozambique', *Current Opinion in Environmental Sustainability* 13, 11–18.

5   For an account of PAPD in a rural context, see R. Lewins, S. Coupe, & F. Murray, 2007, *Voices from the Margins: Consensus Building and Planning with the Poor in Bangladesh* (Practical Action Publishing, Rugby). PAPD has been adapted to peri-urban contexts (see A. Evans, & S. Varma, 2009, 'Practicalities of participation in urban IWRM: Perspectives of wastewater management in two cities in Sri Lanka and Bangladesh', in *Natural Resources Forum*, 33, Wiley Online Library, pp. 19–28), while alternative participatory approaches have recently been employed in urban areas, for example see ISET, 2010, *The Shared Learning Dialogue: Building Stakeholder Capacity and Engagement for Resilience Action*, Climate Resilience in Concept and Practice Working Paper 1 (Boulder, Colorado).

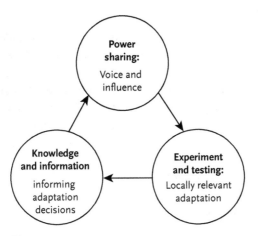

Figure 3
Potential achievements of PAPD (adapted from
Ensor, 2011 and Taha et al. 2010).

of the most vulnerable and to facilitate constructive discussion. Beyond the
community, PAPD recognises the importance of bringing in local citizens
as key actors capable of both analysis and action for climate compatible
development. Co-producing knowledge for climate compatible development means going beyond mere consultation or communication of climate
information: it also means recognising local citizens' ability to imagine and
work towards their future.

3.2. Participatory action planning development principles

The objective of the PAPD process is to build consensus on the key actions
towards climate compatible development. Building consensus means
establishing a negotiation process in order to reach a point where none of
the participants have concerns or objections that, they feel, are significant
enough to justify blocking the shared wishes of the group. This is an alternative to a majority vote that would exclude some social groups. Instead,
PAPD aims at generating an agreed balance of interests between informed,
entitled and engaged participants.

The PAPD process is always carried out in a given setting in which
participants have pre-existing relations. The process should take steps to
recognise these relationships explicitly alongside their limitations, to build
consensus around particular issues. PAPD is based on six key activities
(outlined below) that provide a structured and repeatable approach to

helping people identify their shared problems and the potential pathways to their resolution (Table 3). Through these steps the methodology helps to recognise the community's diversity while emphasising the possibilities for consensus.

In the six phases, attention is given to both primary and secondary stakeholders, with the primary stakeholders involved throughout. Primary stakeholders are those that are directly connected to the local environment (e.g. relying on the natural resource base for their livelihoods), whereas secondary stakeholders are agents and institutions that, although they may not have a direct stake in the problem, may play a key role in its resolution.

A key step in PAPD is step 2, problem analysis and prioritisation, which aims to draw out common elements in the concerns and interests of primary stakeholders. Step 2 is directed towards building a shared sense of purpose between community members who may previously have identified themselves in terms of competing interests, paving the way for power differentials to be overcome through the uncovering of mutually supportive relationships. Different interest groups are identified in step one and placed into separate working groups. The intention is to provide all marginalised groups (for example, non-working women and young people) with a platform to discuss their shared interests and priorities and to communicate these to other sections of the community. Careful and skilled facilitation is necessary at this stage, in particular, when the different groups come together in a plenary meeting. The facilitator should have a deep understanding of the power relations that may be shaping discussions and be ready to advocate minority positions. This encourages a shared learning process that aims to represent the interests of all sections of the community – not only those of the most dominant or powerful members. The potential for the interests of excluded or marginalised groups to be overlooked in participation and adaptation planning is well documented.[6] Experiences of PAPD suggest that allowing time and space for formal (facilitated) and informal (initiated by the participants) meetings within and between groups is a good strategy for building trust and understanding, but the role of the facilitator in mediating constructive dialogue is crucial.[7]

In step 3, information gathering, key links are forged between primary and secondary stakeholders which help to support a process of knowledge

---

6   B. Cooke, & U. Kothari, 2002, 'The Case for Participation as Tyranny', in *Participation: the New Tyranny?* Ed. B. Cooke, & U. Kothari (Zed Books, London) pp. 1–15; J. S. Yates, 2012, 'Uneven interventions and the scalar politics of governing livelihood adaptation in rural Nepal' *Global Environmental Change* 22, 537–46.

7   Lewins et al., *supra* n. 5.

Table 3 Participatory Action Plan Development steps

PAPD Steps	Purpose	Approach	Process	Output
Step 1: Preparation	Achieve enough background information on the study area	Project team gathers information and local support	Analysis and community profiling	Selection of a representative group
Step 2: Problem census and prioritisation	Initiate a discussion between different participants on a range of problems	Participants discuss key problems, their relative importance and root causes	Primary stakeholders discuss in separate groups and share the conclusion with other groups in plenary sessions	Broad agreement of key problems and priority list
Step 3: Information gathering	Deepen the understanding of key problems through the engagement of secondary stakeholders	A small community committee gathers information about key problems	The committee consults primary and secondary stakeholders on each proposal	Deeper understanding of priority problems
Step 4: Analysis of solutions	Select a realisable number of solutions and evaluate them	The committee systematically evaluates each option in relation to the information gathered	The committee follows a 'STEPS' analysis looking into the following dimensions: social; technical/financial; environmental; political/institutional; sustainability	STEPS analysis for key problems or solutions
Step 5: Public feedback	Communicate and obtain feedback on the process from a wide range of social sectors and influential stakeholders	The committee presents the achievements of the process so far in a public meeting	The meeting opens up dialogue in relation to each option as well as revealing limitations which may be beyond the community's reach	Building up support and understanding beyond the community
Step 6: Action plan development and implementation	Finalise a working plan and devise the road to implementation	The committee and other community actors initiate negotiations with relevant parties	Creation of spaces of negotiation and/or technical review in targeted meetings	Implementation plan and possibly, some initiatives implemented

co-production. This helps communities to expand their networks in order to secure the support of actors at different scales, and also helps decision making to integrate the perspectives of multiple actors. Overall, the six steps are oriented towards facilitating both knowledge sharing and co-production among a wide range of actors. Building local consensus around an issue of significance to the community may serve as a strategy for forming new institutional and social relationships and, crucially, for incorporating citizens in decision-making processes.

How to incorporate climate change information into the PAPD process will depend on: 1) the message about climate change in that particular setting; 2) the extent to which parts of that message constitute an entry point for discussing community concerns; 3) the possible damaging effects of disclosing information to the population. In the case of Chamanculo C in Maputo, the message is clear: climate change is likely to bring about a greater frequency of unexpected events, and flooding is the key aspect that not only relates to the previous experiences of disaster in the neighbourhood but also remains as a key concern for local residents. Because of the interest of diverse actors in flooding, it serves as an entry point for starting discussions around climate compatible development in the neighbourhood. Conversely, sea-level rise is less of a concern in an area away from the most exposed coastal regions of Maputo, and therefore we decided against raising an issue which could awaken unnecessary concerns among local residents.

3.3. Six steps towards PAPD

As explained above (see Table 3), PAPD follows six steps in order to organise the process through a structured approach which can be replicated and adjusted to different settings. In this section we examine each step in detail to evaluate the practical aspects and difficulties of enabling each step, based on the experience of the Participatory Adaptation Plan made by the residents of Quarteirão 16A in the Bairro of Chamanculo C in the city of Maputo.

Step 1: Preparation

During this stage, the project team should develop sufficient background knowledge for selection of a representative group with the community. The project team needs to seek the support of the community and of other stakeholders and gatekeepers who can control flows of information in regards to the process. This should help to develop a profile of the community in the area, to identify different social groups (e.g. women, elites, landless) and different types of land use and livelihoods (e.g. informal traders, shack dwellers, shop keepers).

In practice, preparation focused on three areas:

i.   Identification of the principal issue(s) for discussion and selection of the community for PAPD
ii. Understanding the differences within the community – identification of social groups
iii. Selection and training of facilitators.

i) Identification of the principal issue(s) for discussion and selection of the community for PAPD
The general geographical location of climate change issues and communities which need adaptation plans can be identified from wide-scale studies and data. However, identification of the most pressing climate-related problems at the local level and selection of suitable communities for participatory planning activities require more detailed local knowledge and advice. Problem identification and community selection are closely interlinked.

Findings from the review of climate change data were complemented with discussions with local government and NGOs on existing planning and development policies and projects in progress. Given that PAPD is a tool designed for working at the local scale, with small communities and with few resources, it will often be useful to work in an area where another project is in progress (provided that that project will not bring great upheavals with the communities involved). Informal or formal partnerships with existing projects can provide access to detailed physical and socio-economic data, and open up opportunities for synergies such as sharing resources, activities and project findings (Box 4).

In Maputo, each bairro is sub-divided in blocks of 50 to 100 households, called *quarteirões* (see Box 5), and each of these is further subdivided in sub-blocks of around 10 households. The criteria for selection of block 16A where the PAPD took place were:

- Vulnerability to existing climate-related risks as well as the expected impacts of climate change: if a community already suffers from climate-related problems, such as flooding or cyclones, they will find it easier to imagine and to talk about the expected future impacts.
- Effective local leadership to secure support for the project and mobilise community participation, usually through the *Chefe do Quarteirão* (see Box 5).

Box 4 Selection of problem focus and community for the PAPD

Based on the review of key climate change documents (see section 2.3), flooding in densely-populated unplanned neighbourhoods (bairros) was identified as the most important issue for an adaption plan.

Among the neighbourhoods most affected by flooding is Chamanculo C, an old-established bairro in a low-lying area. This is a large bairro with ca. 26,000 inhabitants located south of the airport. At the time of the project in 2012, the Maputo Municipal Council (MMC) was carrying out an integrated physical and socio-economic upgrading project, funded by the governments of Brazil and Italy and Cities Alliance. The World Bank was, at the time, planning to support the upgrading of the neighbourhood through the Maputo Municipality, by investing US$0.54 million in a project that lasted from September 2011 to December 2014.

In Chamanculo C the PAPD action-research project was able to establish a partnership with an Italian NGO, the Association of Volunteers in International Service (AVSI), which was implementing the social component of the upgrading project. AVSI provided experienced facilitators, fluent in the local language, as well as invaluable local knowledge which helped us to select one particular community within the bairro. AVSI had recently carried out a survey on the current infrastructure and socio-demographic conditions of the neighbourhood, which served as the basis for the community mapping in consultation with key stakeholders. The survey provided up-to-date data on the local population, living conditions and social and economic issues. Moreover, proposals in the Participatory Adaptation Plan informed the physical planning process of the upgrading project.

- Absence of any other project or activity in the vicinity which might dominate conversations with the community and prevent discussion of climate-related issues.

Before making the final selection, it is advisable to identify a short list of two or three potential communities and visit them to observe the physical conditions and discuss the PAPD process with the local chefes do quarteirão to establish which is most suitable.

Box 5 Community organisation in urban Mozambique

Throughout the country, urban areas are divided into bairros, quarteirões (about 50 houses) and groups of 10 families. At each level there are leaders, or 'chefes'.

The bairro is led by a secretary. The secretary designates the Chefe do Quarteirão, selected from people who are seen to have good relations with the population. The Chefe do Quarteirão is responsible for mobilising the population, for example in vaccination and public-health campaigns and similar interventions. The chefe is also responsible for keeping the quarteirão clean, as well as administrative duties such as issuing 'declarations' of residency, and has social duties such as conflict resolution. The bairro secretary and to a certain extent the Chefes de Quarteirão have political duties.

There are also 'Chefes de 10 Famílias', operating under the Chefe do Quarteirão, who are expected to try to resolve disputes between neighbours and family conflicts and provide assistance in difficult times, for example, when someone dies.

During the process of selecting the community, the team had to obtain the agreement of the local government (Maputo Municipal Council) and to explain the process and the criteria to the local bairro secretary, so that he could assist in the selection. It was also essential to obtain a *Credencial* (a permit to operate) from the Maputo Municipal Council in order to work in that particular area.

ii) Understanding the differences within the community – identification of social groups

The PAPD process recognises that there is a wide range of interest groups with diverse interests in relation to any specific issue, including the expected impacts of climate change. It seeks to engage fully with all the different groups.

Thus, once the community or location has been selected, the next task is to identify the different community groups who must be engaged. In an area with mixed land uses, these will include local industries and traders, as well as different social groups living in the area.

In this step we sought to define four or five different social groups within the community taking into consideration:

- Inclusion/exclusion in decision making: not just to identify vulnerable groups but also to understand the distribution of power within the community;
- Differential risks from, or impacts of climate change.

In identifying these groups the objective is to capture different perspectives on a similar problem that exists within the community. Thus, it is important to relate the groups to different attitudes to the city, capacities for action, social relationships and access to resources and services within the community. Possible criteria for group identification and differentiation could be: gender, age, livelihood (for example, market traders, home-based traders, and formal-sector employees), degree of vulnerability through physical status (disabled, elderly), degree of vulnerability through economic status, home-owners or tenants, and cultural differences. Interests will be attached to different criteria, so the range of groups may be heterogeneous in relation to the different interests that emerge within the community.

A variety of groups were selected in relation to criteria of gender, age and the location of their economic activities. From our previous experience and the experience of AVSI staff, we had learned that women in Maputo city are keen to participate, have many different roles and interests, and are accepted as participants in mixed groups. We therefore considered that it would not be appropriate to have a separate women's group as it would reduce their participation. But the elderly and young people are often marginalised and not selected in other interest groups, and therefore we felt that it was necessary to have an 'elderly' group and a 'young people's' group (Box 6).

To define the groups we used census and survey data in consultation with local leaders and institutions (for example, with the Chefe do Quarteirão, informal leaders, local projects and established CBOs). An informal group discussion with several local representatives helped to assist in identifying the groups. We adopted their labels for each group and their criteria for defining who was in and out the group. In our project, this was done by walking around the area in question with the Chefe do Quarteirão and other local representatives to observe houses and living conditions and prompt informal encounters with some residents to gauge the interest in the project. This not only helped identify social groups but also encouraged participation at later stages in the PAPD.

There was also, inevitably, a diversity of views within groups. Every group could be made progressively smaller to reduce this diversity; however,

Box 6 Social groups identified in Quarteirao 16A of Chamanculo C

- **Group 1: Workers outside the bairro** — Men and women aged between about 25 and 50, working in the informal or formal sectors outside the bairro of Chamanculo C. The members of this group included security guards, domestic workers and informal traders in the large markets.
- **Group 2: Young people** — Young men and women aged 15–25, who may be studying and/or working or seeking work.
- **Group 3: Traders in the Quarteirão** — Mainly women with stalls in their front yards or other form of informal trade at home.
- **Group 4: Elderly people** — Men and women aged over about 50, mainly not economically active or seeking work.
- **Group 5: Housewives** — Women who look after their households and have no economic activity outside the home. This group is often very active in the community, for example in church groups.

from a practical perspective there is a need to exercise judgement about how homogenous a group needs to be. The important factor was to capture different community perspectives on a common problem (flooding), recognising that differences will emerge within group discussions.

We worked towards achieving a minimum of 10% of households in the community to be represented through the groups. This meant that we needed at least three people per group (from different households), but the final groups contained many more, and participation fluctuated through the whole process.

iii) Selection and training of facilitators

Within the PAPD we required facilitators who were not only experienced in facilitating group meetings, discussions and conversations but also were fluent in the local language and customs. This was different from the role of the overall project facilitator who would look at climate change at a city-wide scale and enable partnerships as will be explained below (see section 4.2). Instead, PAPD facilitators needed to pay attention to the particularities of the context in which climate compatible development discussions took place.

Although these were highly experienced professionals, the project team ran a training programme for facilitators that included the following components:

- *Presentation of the project*: An initial meeting explained the objectives of the project, methodology, why the community and the issue were selected and the expected project calendar. The discussion provided opportunities to refine the objectives in the specific context of the community and adapt aspects of the methodology to working conditions.

- *Orientation for community meetings and group conversations*: The facilitators were provided with a brief written introduction to the project and the methodology, which they used for presenting the project to the group meetings.

- *'Dummy run' of a community meeting and a group meeting*: The dummy run included role-playing by the trainees as a teaching and learning method (Box 7). This is very important because it reveals how problems and conflicts may emerge in practice, and is therefore better than just a simple explanation. It provides facilitators with preliminary experiences of how the process could develop and how they can take initiatives to modify the situation. The dummy run can also help to decide practical aspects of the participatory process, such as whether

---

Box 7 The dummy run in Chamanculo C

The dummy run proved very useful for clarifying issues which the facilitators had not understood. The trainee Julio played the role of facilitator and the others played the role of young people in a group meeting – they took on roles which could realistically emerge in the given context, representing a difficult bunch who challenged the project objectives and the people involved. This demonstrated the difficulties of managing a group and the possibility of creating antagonistic relationships, which need to be managed carefully by the facilitator to avoid excluding valuable perspectives while working towards consensus. The dummy run also raised important issues relating to how climate change information would be presented in the meetings, for example through sparking conversations about experiences of flooding in the past.

---

one facilitator per group is enough or whether two are needed. We decided that two would do a better job – one to facilitate and one to make notes on a flip chart and manage the voice recorder.

As the facilitators were already familiar with the selected community, they could contribute to identification of the different social groups as part of their training. They also suggested useful ideas for encouraging participation of residents in the groups/plan preparation: for example, an excellent strategy suggested for encouraging participation was the provision of materials, such as pens and writing pads that participants could use at meetings and also elsewhere.

Step 2: Problem definition by the community

During this stage, the facilitators foster discussions within the groups on the range of livelihoods and environmental/natural resource problems in the area (including land-use challenges in the context of environmental change – flooding, drought, etc.) to increase awareness of these issues and their underlying causes, and how they impact different groups. The facilitator must help participants identify the most commonly mentioned problems and group or cluster them into themes. Agreement must be reached on three or so priority problems to be discussed in detail, plus a limited number of high priority 'quick wins' that could be addressed immediately. To keep the discussion focused, and to move towards potential solutions, a 'cause and effect analysis' can be conducted, documenting in table form the causes, impacts, affected groups and potential solutions for each problem (see Table 4 and compare with the developed form in Table 5).

The first action to start these discussions was to hold a public meeting in the community to explain the project to a wide public and generate support and interest among local citizens. This was followed by workshop sessions in separated groups (as defined above) led by the facilitators. The

Table 4 Causes and analysis table – generic form

Group X	Today	Alternative future scenario
Causes	Fill in	Blank
Impacts (1) Quantifying the flood intensity and frequency (2) Consequences	Fill in	(1) Double intensity but less overall rain (2) Fill in consequences
Affected groups	Fill in	Fill in
What can be done? Freethinking – we're **not** looking to identify barriers	Fill in	Fill in

approach at this stage is to seek input from each interest group in turn and to discuss the relative importance and root causes of specific problems across the whole group. In these sessions there is a need to build both confidence among participants about the value of the knowledge that they have from their living experiences of the neighbourhood, and an understanding of how such knowledge relates to climate change risks and opportunities for sustainable development. This is done by considering and highlighting constructive interventions.

In order to integrate climate change, the project team suggested that workshops should follow a 'two-iterations approach'. The first iteration would focus on current problems. The second iteration would make use of different climate scenarios to develop local interpretations of potential climate impacts. The second stage could build on the first to establish a prioritisation that incorporates future scenarios.

The initial problem census and prioritisation within separated groups would be later shared in a plenary meeting of all groups. This discussion would lead to the constitution of a Climate Planning Committee with overall responsibility for putting proposals into practice.

i) Public meeting to present the meeting and gain support

This meeting was convened by the Chefe do Quarteirão, and all members of the community were invited. The timing and location of the meeting were defined to promote maximum participation. Refreshments (water and soft drinks) were available for everyone.

We kept a register of participants, and the whole meeting was recorded using a voice recorder. We held the meeting in the local language to ensure that all participants could understand it, but provided a Portuguese translation when necessary. Recordings of the meetings were transcribed into Portuguese and later translated into English.

During the meeting a facilitator presented the project to the community and extended an invitation to participate in the preparation of the participatory plan for adaptation to climate change. The meeting agenda was:

1. Presentation of the project by the facilitator, and questions and answers.

2. Affirmation of the social groups that have been previously identified and constitution of the groups by calling for interested volunteers (including a register with their names and contact phone number).

3. Establishment of dates and times for the group meetings, at the convenience of the group members in order to promote maximum participation.

The meeting was also an opportunity to observe the reactions of participants. These reactions showed different levels of interest in the project, but also enabled facilitators to establish potential issues that could emerge during group discussions. Several practical issues in relation to the different groups and the community analysis also became explicit in meetings of this kind (Box 8).

ii) Facilitated workshop sessions in groups (1–2hrs)
Each meeting started by establishing procedures to register the names and contacts of all those present. These records were however kept confidential, and only used to track participation. Group conversations were conducted in the local language, as this is most easily spoken and understood by the participants. Discussions started with by a re-statement of the project objectives and an explanation about the need to record the session to ensure that everyone's comments were accurately registered. Akin to the

---

Box 8 Group formation in Quarteirao 16A, Chamanculo C

Everyone who attended the Quarteirão meeting assigned her/himself to an appropriate group – and that showed us that there was a gap in the groups, because there was no group where non-working adult men would fit! As there was only one man in such a category, he decided to join the group of the 'elderly', which also included other men who were not working. This process showed that the actual group formation needs to be approached with flexibility, as the definition of the groups should not be a determinant to exclude any person who would like to join the process.

During the meeting residents showed themselves keen to participate, and no complaints or concerns were raised. They established Saturday mornings as the most convenient time for further group and general meetings.

The groups as constituted were initially too big. We decided to keep them as they were, on the assumption that not all participants would be able to attend every planned meeting. We established that groups larger than eight participants should be split into two. However, in practice, the first group meetings – which are the most difficult to manage – all had between four and eight participants.

---

process of attaining informed consent in social research, steps were taken to ensure that participants were participating freely and that they felt they could withdraw from the meeting at any moment.

The group conversations focused on understanding the group members' views on:

- the specific problem identified in relation to climate compatible development (particularly flooding), and
- potential solutions/ways of dealing the problem.

Rather than emphasising climate change, sustainable development or flooding as major problems participants should engage with, facilitators started by getting group members to explain their perspectives in terms of current understandings of community problems. For example, in relation to floods, groups first discussed their experiences of floods and how these could change if floods were to happen more frequently or were going to be of higher magnitude.

A 'cause and effect analysis' table was developed to document the process, and specifically the causes, impacts, affected people and potential solutions that each group identified in relation to flooding and other community problems (see Table 4). Each group's analysis was recorded in a flip chart (in Portuguese, but with oral translation for anyone unable to speak or read Portuguese), to assist the presentation of the discussion to the other groups at the plenary meeting.

With this process, groups explored current understandings of the problem, and how these may vary under more extreme conditions anticipated under climate change. Facilitators also emphasised the need to understand that climate change information was not definitive and that scenario analysis, of the kind presented in the groups, could not predict the future in those communities.

The experience from Chamanculo C suggests that at least two iterative meetings in separate groups are needed to complete the analysis. At the first meeting, the facilitator structured conversations following the chart, but allowed the discussion to flow freely without the distraction of someone writing on the flip chart. Before the second meeting, the recording of the first meeting was transcribed and the facilitator summarised the analysis in the flip chart. This stimulated further debate and analysis to enable the analysis to be completed in the second meeting. During the period between the two meetings participants could reflect upon their own ideas and understandings, and many revised these and volunteered further information at the second meeting.

The flip chart provides an opportunity to establish the position of a group, by synthesising the discussion and giving the opportunity to individual participants to concur or otherwise with the views proposed in written form. The written chart enables the formalisation of their shared position. If there is still disagreement within the group, those different views should be also captured in the documenting process. Ultimately, the group should reaffirm their commitment to their position to present it at the plenary (see example in Table 5). When the group has finalised the documentation process, it is a good time to elect the group representative(s) on the Climate Planning Committee (CPC).

iii) Each group reports its findings to a plenary meeting of all groups
Once each group has reached consensus on its findings, a plenary meeting is held for all groups to share their findings. The location and time of the meeting needs to be considered carefully, as it needs to suit a variety of participants whose social and economic activities may follow different dynamics. The same protocols as in group meetings were followed with regard to recording the conversations, enabling communication and ensuring voluntary participation.

The plenary meeting has a three-fold purpose: a) to present the results of the separate group meetings by using the information on the flip charts agreed by each group (building awareness of, and appreciation for the differing interests); b) to summarise discussions by agreeing a basket of proposals as the basis for the Participatory Adaptation Plan; and c) to elect the 'Climate Planning Committee' (CPC), which should include a member from each group.

In principle, each group should present the results of their own conversations. However, in Chamanculo C some groups (such as the elderly) were disadvantaged because of their limited literacy and their inability to speak Portuguese. In these cases, other actors (the young people) stepped in to present the summaries written on the flip charts, in both Portuguese and the local language, giving opportunities for the members of the disadvantaged group to intervene if they felt a need to clarify, correct or add to the summary.

Following the group presentations, there was a facilitated discussion with the aim of achieving broad agreement on a basket of solutions. The basket of solutions should contain at least a minimum number of solutions that, in total, would benefit all groups: that is, when no group is disadvantaged by any one solution, and all groups benefit from at least one solution (Box 9).

To aid this discussion, the facilitators found it useful to prepare a summary list beforehand (on a flip chart) with all the solutions put forward by

Table 5 Quarteirão 16A, Chamanculo C – group conversation matrix

Group 2: Young people	Today	Alternative scenario

Causes	• Apart from the rain:
	
	  ☐ People throw water from their houses/ yards into the road.
	
	  ☐ Broken water pipes (illegal and legal) – worse than the rain, because it happens every day.
	
	• Houses are very close together, with no room for the water to drain.
	
	• There are no drainage systems.
	
	• Residents contribute, they throw everything in the drainage channels: garbage, rocks, water soiled with food debris, etc.
	
	• Drainage is poorly constructed.
	
	• Refuse collection is deficient: overflowing containers, trash goes into the drain.
	
	• The soil can no longer absorb water.	

Impacts: Quantifying the flood intensity and frequency	December to February	Double intensity but less overall rain
Consequences	• Roads and alleys flooded, hindering circulation of pedestrians and vehicles. • Water does not dry out, stagnates. • Mosquitoes. • Children play in the water and catch diseases. • Conflicts between neighbours in the rainy season. • The dirty water from the houses, thrown into the street, doesn't dry out because every day more water is thrown into the street. • Water leaking from mains and house connections only dries out when the leaks are mended.	• The same things, but worse, and more . . . • The end of Chamanculo (catastrophe)
Affected groups	• Workers and students, and traders who have stalls in the street. • But also older people, all groups.	• Workers and students • The elderly
What can be done?	• Rehabilitate the existing drainage channels. • Construct drainage and improve streets (even if some people have to leave the bairro). • Clean the drains, appeal to residents not to dump garbage. • Improve the garbage collection system.	• Improved construction of drainage channels. • Remove some families living in low areas. • Create some form of drainage channels in low areas.

Box 9 Basket of proposals discussed at the plenary meeting

1. Rehabilitation of drainage channels (Group 1, Group 2)

2. Regular cleaning of the drainage channels by the residents/better organisation of residents to deal with floodwater/collaboration between quarteirões (G1, G5)

3. Construction of new and larger drainage channels and levelling of streets – even if some families have to move away (G2, G3, G4, G5)

4. Placing of sandbags, stones and cement blocks at yard entrances (G5) – *G4 said 'no' and this suggestion was rejected*

5. Improved waste collection (G1, G2)

6. Educate, build awareness and control residents, so that they do not throw waste (into the streets, drains, etc.) (G2, G3)

7. Lay rubble and undertake local earth-moving to improve flow of water (G3, G5)

8. Dig holes in yards for drainage of water (rainwater and waste water?) (G3, G5) – *G4 said 'no' and this suggestion was rejected*

9. Improve residents' organisation – *this item was included in No. 2 and was therefore withdrawn*

10. Build toilet blocks (G1)

11. Move [all or most] people out of Chamanculo (G3) – rejected

12. Resettle the families who live in low-lying areas (G3) – rejected

every group, grouping these by themes and identifying which group(s) had made each proposal. This helped to show all the proposals while ensuring that every group was represented. Finding agreement on a list of proposals was relatively straightforward as a result of the preceding discussions and the networks already established through the facilitation.

Once the basket of solutions was agreed, participants in the plenary meeting elected the members of the CPC, with each group being represented by one member. In some cases, the members had been previously selected by the groups in their separate meetings, which facilitated the process considerably (see Box 10). The CPC has the task of developing the community plan, which involves information gathering on the basket of

Box 10 Selection of CPC members

In the case of Chamanculo C, holding elections in the plenary meeting to select one CPC member from each group caused considerable confusion. The main problem was deciding who was supposed to vote for the representatives, the members of the relevant group or the whole plenary. If the aim was to ensure representation of the community, then the whole plenary should vote. However, if the aim was to represent the specific interests of each group, then each group should specify their own representative. We established that the CPC collectively represented the community, but that each member represented different interests, and thus, should be elected by their specific group.

However, there was a practical issue, in that some groups which had had good participation in their own meetings had very few members present at the plenary. Also, there were groups with multiple participants interested in joining the CPC and others that had difficulties in finding just one representative.

As a result, CPC members were selected rather than elected by the plenary, with strict adherence to the one member per group rule. This resulted in a CPC, which was somewhat of an elite group within the community, being composed of participants who were far better educated and financially secure than most people in the bairro. While this raised some ethical issues in relation to the extent to which these CPC members represented the community, it also helped to sustain the CPC work as they demonstrated considerable ability and dedication to work on behalf of all the people in the quarteirão.

solutions in order to assess their viability, and developing solutions into more concrete proposals.

Discussions during the PAPD process led to considerations of whether the Chefe do Quarteirão should be an automatic member of the CPC, in addition to the members from the groups. It is recognised that the Chefe could assume responsibility and reduce the potential for empowerment of the community groups, but discussion among the PAPD participants suggested that the potential benefits outweighed the risks. They argued that if the Chefe is a good leader, he (the Chefe is almost always a man) will give confidence and credibility to the community, and where he is weak he could cause problems if he is left out. However, in practice, institutional commitments prevented him from participating fully and hence, he did not really join the CPC.

Step 3: Information gathering/secondary stakeholders and feedback to the groups

Once a long list of proposals has been agreed, the CPC has to work towards gathering information on the feasibility and impact of each proposal. This can be done through further consultations with individual members of the community who have specific information on each proposal arising from their economic activities or social positions, but also through consultations with secondary stakeholders who may hold technical or institutional knowledge about factors that influence the possibilities for a proposal to move forward (for example, entities who could help in implementing the solutions such as local government, service providers, local businesses and NGOs).

The CPC may be aided by facilitators, particularly for establishing links with secondary stakeholders or finding alternative routes for consultation. However, the objective at this stage is to reinforce the internal and external dynamics of the CPC to enable them to operate independently from the project team. Overall, the purpose of this step is not only to present the findings of the groups and the agreed basket of possible solutions to secondary stakeholders but also to obtain relevant information concerning the practicality, constraints, opportunities and key actors in relation to the potential solutions.

In Chamanculo, the CPC first presented the community's analysis and possible solutions to the bairro secretary (BS). In their request for a meeting with the BS, the CPC suggested that he could invite other relevant secondary stakeholders to the meeting. In this way, the CPC could gain access to decision makers in secondary stakeholder organisations – something which would normally be difficult for community groups. The BS provided information about the activities and projects of secondary stakeholders in the bairro, and was prepared to share this information with the CPC. However, as with any information obtained from third parties, this information needed to be verified directly with the interested institutions.

In municipalities and public-service providers, reliable information can only be obtained from high-level staff (directors or heads of department), who are often inaccessible to a residents' group such as the CPC. Therefore we looked for an intermediary to assist the CPC to gain access to decision makers. As PAPD was being carried out in partnership with local partners (FUNAB and AVSI) the CPC entrusted those partners to act as their interlocutors (Box 11).

At this information-gathering stage the CPC documented all the information they received from secondary stakeholders and others about the constraints, opportunities, practicality and key actors relating to their solutions, in order to be able to develop them into more detailed and

Box 11 Interlocutors in Chamanculo C

In Quarteirão 16A, it was expected that the Chamanculo C Requalification Project or AVSI would act as interlocutors for the CPC. In practice, the main interlocutor has been the central government Environment Fund (FUNAB) which was instrumental in the design of the PAPD project. FUNAB acted as an intermediary with the Mozambican Recycling Association (AMOR) which was interested in developing a project for separation and recycling of domestic waste in an inner neighbourhood of Maputo. This was of great interest to the CPC as a means of discouraging littering and reducing the amount of waste which needs to be deposited in the municipal waste skips (which are constantly full to overflowing).

Once the PAPD was near completion, FUNAB also arranged a one-day workshop with secondary stakeholders where the CPC presented their analysis of the causes and impacts of flooding, and their suggested solutions, to potential partners. The CPC made great use of this opportunity and their presentation attracted interest from the Municipal Directorate of Cleansing and a significant local firm, among other organisations.

viable proposals. For this, the CPC was provided with notebooks, pens, access to a computer and printer and, when possible, internet for email communication.

Information will be easier to obtain for some solutions than others and some solutions will clearly emerge as being more promising than others. Thus the development of ideas into proposals will progress more rapidly for some solutions than others. The CPC must make decisions, in consultation with the groups they represent, on whether they should focus only on more promising options.

Step 4: Evaluation and analysis of solutions

In Chamanculo C, the CPC decided to go ahead with developing further the most promising proposals. Two key proposals seemed both urgent and feasible: the improvement of the drainage network and the establishing of a recycling plant. Improvement of drainage was of key relevance to increase resilience to future climate change events. Recycling emerged from a concern with sustainable development, as it would not only improve resilience by reducing litter in key drainage and water evacuation areas, but also contribute to development objectives by creating economic opportunities for the local population in waste reprocessing.

At this stage there was a need to establish the specific aspects that might affect the feasibility and impact of the proposal. The CPC did this through a qualitative 'STEPS Analysis', using the information gathered in the previous stage to evaluate each proposal in relation to social, technical/ financial, environmental, political/institutional and sustainability factors (see example in Table 6).

Step 5: Public feedback – community meeting

Steps 3 and 4 may take a long time to complete, or rather, to achieve a stage in which the CPC is satisfied that they can envision the possibility of developing the programme further. In the case of Chamanculo C, discussions on particular proposals continued beyond the initial presentation of the plan and the conclusion of the PAPD process. However, the project team should convene a 'final' plenary meeting – 'final' in the sense that it would be the last intervention actively managed by the project – to present progress to date and formally check on the work of the CPC and whether their decisions resonate with the initial discussions and concerns of the community.

In the community plenary the CPC communicates the progress they have made in the planning process and their other achievements, particularly their analysis of solutions. Secondary stakeholders may also be present, provided they do not interfere in the community participation at this stage. The intention is to re-establish the consensus attained at previous stages or review it in the light of the information discovered. In Chamanculo the project team invited FUNAB to the meeting, and institutional representatives were able to listen to the community's conclusions and visions for the future. Facilitators were needed to encourage the audience to give their opinion and stimulate a two-way dialogue between the CPC and other participants. The output of this step is simply to give legitimacy to the CPC's work, which will further support the implementation of proposals and their presentation in institutional and formal forums, as explained in Chapter 4. The previous protocols for the language of the meeting, the need to ensure voluntary participation, and the registering of participants should be followed in this meeting.

The discussion in the plenary meeting, together with the new information gathered and the preliminary proposals developed, constitutes the basis for the first draft adaptation plan. The meeting provides an opportunity for the CPC to obtain feedback and revise their analysis. The CPC

Table 6 Example of STEPS analysis by the Chamanculo CPC

STEPS ANALYSIS OF 'RIXO' SEPARATION AND RECYCLING PROJECT	
SOCIAL	• All social groups will benefit from a clean bairro.
	• Those who survive now by waste picking and selling for recycling will gain because they will be able to sell locally at the 'ecopoint' and will not have to pay for transport.
	• The project will create employment at the 'ecopoint' and the composting plant.
	• The success of the project depends on awareness building and education of the community (who will do this? See politico-institutional below).
TECHNICAL–FINANCIAL	• The CPC has already started looking for a site for the 'ecopoint' and composting plant. The best option would be the vacant land owned by SASNIC and there are good prospects of successful negotiations with the owner. Advantages:
	☐ close to households in the bairro (but not too close)
	☐ large enough to accommodate the composting plant
	☐ good security (from possible theft of valuable waste)
	☐ good access for vehicles
	It is also becoming a dumping ground for waste, and this must be stopped.
	• Funding is needed for equipment, materials and other start-up investments.
	• RIXO will provide training for workers.
	• RIXO will assist in finding buyers and negotiating contracts for selling waste.
ENVIRONMENTAL	• The project aims to substantially improve the environment of the bairro.
	• It will also reduce the amount of waste which has to go to the city dump.
POLITICO-INSTITUTIONAL	• The project is in line with municipal policies to promote recycling. However, current practice of the municipality is to pay both primary and secondary waste collection contractors according to volume of waste collected. This project should significantly reduce the volume of waste that has to be collected by municipal contractors, who may therefore oppose the project. It is imperative that the municipality is involved in detailed design of the project. CPC/Associação AMANDLA will manage the 'ecopoint' and composting plant.
	• Other institutions/actors involved:
	☐ Municipality – Directorate of Hygiene (must approve project?)
	☐ RIXO – AMOR
	☐ FUNAB (support and possible funding?)
	☐ Micro-enterprise which collects waste in the bairro
	☐ Waste buyers

Table 6 (Continued)

STEPS ANALYSIS OF 'RIXO' SEPARATION AND RECYCLING PROJECT	
	◻ The South African Company SASNIC (land and maybe other support)
	◻ Other firms based in the bairro (ProCampo, Gazebra, Padaria, etc.)
	◻ DNPA-MICOA (could provide training in awareness-building)
	• Who will represent the community in managing the Environmental Fund to be set up using part of receipts from sale of waste?
SUSTAINABILITY	• After a pilot in three quarteirões, it is intended that the project will become a permanent activity of the CPC/Associação AMANDLA
	• The aim is to achieve financial self-sufficiency in order to guarantee sustainability (further analysis is needed and the pilot experience).
	• Community awareness-building and education are key to sustainability.

presented not only the STEPS analysis but also a range of subsidiary information and what they had learnt through the interactions with secondary stakeholders, all of which may have broader relevance for the community. Thus, the meeting should not focus on the proposals alone but also on key actors, strategies to gain access to institutions, and social dynamics that could prevent or facilitate the community's development in the context of climate change. Participants may respond by asking a range of questions that could refer to the process and/or the outcomes. They may challenge developments, but most often, will be able to further refine the information gathered and suggest alternative courses of action.

Ideally the meeting should help to further the STEPS analysis, but in practice it is difficult to gain further insights in such a large meeting, possibly attended by more than 50 residents. One way of getting the plenary to respond to the STEPS analysis is to facilitate a visioning exercise. We did so by setting an open question: What sort of bairro do you want to see in 10 years' time?, emphasising the need to consider climate change as a key factor in that visioning exercise. Participants wrote their insights on Post-its, and the facilitators shared them with the whole group.

Step 6: Action plan development and implementation

At this stage, the CPC should finalise a draft plan and take the first steps towards its implementation, approaching key partners and establishing resources available. The project team should take the necessary steps to withdraw from the project, by providing all the available and necessary information to CPC members. The project team may decide to share existing resources with the CPC. For example, we gave the CPC the voice recorders, printer and other materials that had been used during the project.

The key point in this step is to ensure the autonomy of the CPC and make sure they have a draft implementation plan that will constitute the backbone of further action. In Chamanculo, after the community meeting the project team wrote a draft plan for climate compatible development, which was returned to the community as a 'draft' version which the CPC could develop further. Technical assistance (for example, for addition of maps) was also sought from the municipality and other interested secondary stakeholders/partners, with the intention of making a presentable and attractive plan, with hand-outs and presentation panels as necessary, for use in the next step – the public meeting of the community.

In a further exercise, the CPC prepared presentations of their work that were shared beyond the community in a learning workshop held by FUNAB in June 2013. The learning workshop was attended by more than 40 different representatives from different organisations in Maputo. Here, the CPC were present as the 'experts' on climate compatible development within their community, and participants were invited to learn about Chamanculo C and their proposals for the future of the community (see Table 7).

The overall PAPD process is not, however, as linear as it is described here – for the purposes of sharing information – but rather, it occurs through multiple interactions which are hardly visible to external analysts (Box 12). The PAPD process, when it helps the community to organise itself with a CPC and express their concerns and priorities in relation to climate change, is an outcome in itself – if only pointing at the beginning of a process that should continue, both within the community studied and in other communities in Maputo.

After analysing the feasibility and impacts of these proposals, the CPC has now started a project for waste separation and recycling of waste, with the creation of an 'eco-point', to reduce littering, facilitate drainage and improve the livelihoods of waste pickers by lowering the cost of their operations. To achieve this, the CPC has established initial linkages with local associations, private operators and NGOs. The CPC has also identified actors who can support the implementation of other proposals and has taken steps towards the formation of stable partnerships. Finally, the CPC has started an environmental education programme, which will extend networks within the community and with other quarteirões and will mobilise residents for the regular cleaning and maintenance of drainage channels. All these proposals rely on the formation of successful partnerships for

Table 7 Learning workshop activities

Learning workshop section	Objective	Activities
1. Welcome and organisation	Create an open setting for dialogue in which all the participants feel welcome	Formal introduction from FUNAB CPC introduction to the day
2. Objectives and presentation	Explain the project and the evidence base on climate change that motivated it	Presentations by the project team
3. Demonstration of CPC work	Present the results of the PAPD process and establish the CPC's leadership	Presentations by CPC representatives on 1) climate change impacts in Chamanculo C; and 2) the PAPD experience
4. Commitment from key institutions	Get key institutions to commit to the local plans in a public setting	Open responses to the CPC presentations from MICOA and from the Maputo Municipal Council *Followed by:* Panel discussion led by the CPC including international, national and civil society organisations
5. Implementation discussion	Establish the basis for an implementation plan with representatives from the community and participant institutions	Breakout discussions develop proposals for implementation and presented them back to the plenary
6. Networking	Open opportunities to develop personal networks that can later develop into partnerships	The workshop included breaks and occasions for networking, with refreshment, in a relaxed atmosphere

climate compatible development, an aspect that we look into in the following section.

This is not the end of the process. We expect that the community will be involved in monitoring these initiatives, evaluating their effectiveness and finding means for institutional mobilisation beyond the participatory process. While we conducted this as a learning experiment, we believe it was also a means for the community to incorporate climate change as a

Box 12 The PAPD process in Chamanculo C: timeline, issues and solutions

Date	Event	Issues and Solutions
Nov 2012–Jan 2013	**Preparation**: obtain authorisation, identify issues, select community, identify interest groups, select and train facilitators	Clear criteria needed for selection of community, interest groups and facilitators. Partnership with Municipal Upgrading Project and NGO AVSI was critical for accessing social and physical information and experienced facilitators.
26 Jan 2013	**Launch meeting** with community: volunteers for group members identified	Meeting must be accessible to all and faithfully recorded, thus requiring convenient timing (weekend) and location, use of local language with interpretation for outsiders; register of participants, voice recording with translated transcripts. Representation of potentially marginalised groups (e.g. the poorest) should be verified.
26 Jan–9 Feb 2013	**1st round of group meetings** to talk about causes and impact of flooding	Meetings must be convenient for group members. Limited funds were available to pay facilitators for weekend work, so housewives and traders were persuaded to meet on weekdays.
13–23 March 2013	**2nd round of group meetings** to talk about possible impacts of future scenarios and agree matrix of causes and impacts	Conversation should flow freely; therefore cause and effect matrices were not filled in at 1st meetings as they impeded flow (distraction, language/literacy issues) but were filled in by facilitators afterwards, for enrichment at 2nd meetings. Transcriptions and translation take time, process cannot be rushed.
23 March 2013	**1st Plenary meeting** of groups: presentation of findings of each group; agreement on basket of priority issues/possible solutions; selection of CPC	Facilitators should prepare a consolidated list of all groups' proposals as a basis for building consensus on priority issues. To speed up CPC selection, each group could elect one representative at their 2nd meeting. CPC members must be capable and proactive, influential community leaders should be invited to join.
April–May 2013	**Information gathering by CPC** on priority issues/solutions, meetings with secondary stakeholders	CPC may need assistance to gain access to information held by local/central government, public utilities, local industries, etc. Therefore it is important to develop partnerships, e.g. with local NGOs and CBOs. CPC may also need material assistance (access to computer, printing, Internet).

Box 12 (Continued)

Date	Event	Issues and Solutions
1 June 2013	**2nd plenary meeting** of groups: CPC report back on priority issues/solutions, visioning	CPC should keep other group members informed and, if possible, involved in STEPS analysis. Where this is not feasible (time/availability constraints), visioning could be a less time-consuming contribution to analysis.
June 2013	**Further information gathering by CPC** with secondary stakeholders, STEPS analysis of promising solutions	Training/facilitation needed for first STEPS analysis, then CPC can conduct further STEPS on their own.
29 June 2013	**Community meeting** to present progress and agree on priority actions (draft Adaptation Plan and strategies for further work)	Facilitation of this meeting is desirable in order to ensure/record the dialogue between CPC and community and safeguard the legitimacy of the Plan.

strategy for mobilisation, not in order to take the responsibility for addressing climate change but rather to find ways to identify responsibilities and catalyse action across institutions in the city.

3.4. Key lessons

- A key methodological implication from the application of PAPD in Maputo is that local residents, even those who are relatively uneducated, can handle climate information if there is an entry point that relates such information to their own experience, for example flooding.
- A structured approach to participatory planning addresses community diversity and power imbalances but, in practice, facilitators need to adapt in order to respond to the local concerns as they emerge.
- Participatory planning has helped local residents to make their concerns visible and compelling to governmental institutions and local business, gaining recognition about the important role that they play in sustaining the city's society and economy.

Chapter 4
Building Partnerships for Climate Compatible Development

Building networks is important to establish resilience to climate change and future uncertainties.[1] Networks represent connections and pools of resources that different actors can tap into, for example after a disaster or when taking action for sustainable development. In the context of project implementation (i.e. CCD) these networks should move towards creating partnerships. Partnerships represent flexible arrangements between two or more actors within a network, in order to act together towards a common objective. Partnerships do not always need to be formalised and permanent; however, they constitute a coordinated attempt to move action forward towards sustainable neighbourhoods that can address climate compatible development concerns.

In this section we explore the realities of forming partnerships for climate governance, while recognising the diversity and inequality that mark the urban poor. The section starts by exploring the question 'What is a partnership?' This leads to a consideration of the principles for a successful partnership. Two challenges emerge: 1) to establish the partnership in relation to an understanding of the context in which it will be implemented; and 2) to challenge potential power imbalances which may hinder the operation of the partnership. The PAPD approach, explained in the previous chapter, is a key method for addressing these challenges during the constitution of a partnership.

4.1. What is a partnership and how does it work within an urban context?

When thinking about service delivery, partnerships are often identified with public–private agreements. These are highly formalised agreements, usually

---

1   E. Boyd, & C. Folke, 2011, *Adapting Institutions: Governance, Complexity and Social-Ecological Resilience* (Cambridge University Press, Cambridge).

on a commercial basis, that have been developed to address perceptions that some governments are inefficient and lack capacity to provide urban services. This is, however, a narrow understanding of partnerships for climate compatible development.

Partnerships can, instead, be seen as a form of cooperative environmental governance. Cooperative environmental governance occurs when actors with different interests find mechanisms to 1) develop a shared understanding of a problem; and 2) coordinate action to address it.[2] Cooperative environmental governance in the arena of climate change may help to build dialogue between multiple social values and competing courses of action.

As a form of cooperative environmental governance, a partnership can be understood as a dynamic relationship between actors who share a common problem and are willing to work together towards its resolution.[3] In the context of climate change, partnerships are important because they offer the opportunity to link the actions of diverse actors with different scales of operation, and thus they may be flexible enough to deal with uncertain futures and changing development demands.

Establishing a partnership entails recognising the capacity of different actors to intervene and devise strategies to maximise their synergies. On the one hand, actors participating in the partnership need to recognise the interests and capacities of other partners (mutuality). On the other hand, they will equally need to maintain their initial purpose, not being subject to co-optation within the partnership (identity). Only those relationships built upon high mutuality and high identity will constitute a true partnership, as opposed to less cooperative forms of work between two organisations (Table 8).

Table 8 Characteristics of a working partnership (adapted from Brinkerhoff, 2002)

		Mutuality	
		Low	High
Identity	High	Contracting	Partnership
	Low	Extension	Co-optation and gradual absorption

2   P. Glasbergen, 1998, *Co-operative Environmental Governance: Public-Private Agreements as a Policy Strategy* (Springer Verlag, London).

3   J. M. Brinkerhoff, 2002, 'Government-nonprofit partnership: A defining framework' *Public Administration and Development* 22, 19–30; P. Glasbergen, F. Biermann, & A. P. Mol, 2007, *Partnerships, Governance and Sustainable Development: Reflections on Theory and Practice* (Edward Elgar Publishing, Cheltenham).

Partnerships are not necessarily a rare occurrence. They may emerge spontaneously from a shared need when different organisations and social groups realise that they can work together towards achieving a common objective. In Maputo, for example, there are already working examples of successful partnerships between governments, formal and informal business, and communities (see Box 13).

In summary, there is an important need to move beyond narrow understandings of partnerships for service delivery as formal public–private arrangements and look instead to the multiple possibilities that open up for cooperative partnerships for climate compatible development in cities. In doing so, individuals working towards a partnership will need 1) to identify participants; 2) to develop mutual interests; and 3) to establish commitments. To understand how to develop these different stages, we turn now to understand the principles of partnership building.

Box 13 Examples of ongoing partnerships in Maputo

PARTNERSHIP FOR DISASTER RISK REDUCTION IN MOZAMBIQUE

This partnership between UN-Habitat and the government's National Disaster Management Institute (INGC) works towards a national-level assessment of disaster risks. As partners recognise the importance of incorporating local priorities, citizens are involved through consultations.

PARTNERSHIP FOR WASTE COLLECTION AND RECYCLING IN MAPUTO

The waste management NGO AMOR works in partnership with *catadores* (informal waste collectors) and civil society organisations that manage waste streams. The establishment of collection centres supports this partnership.

PARTNERSHIP FOR WATER PROVISION IN DEPRIVED AREAS IN MAPUTO

FIPAG (Investment and Patrimony Fund for Water Supply) supports financing and infrastructure for small-scale private water providers. These can reach deprived areas better than through the standard water provision model at the national level.

4.2. Principles of partnership building

Partnership is not about influencing things directly, but rather about creating networks and connections, which will enable social, environmental and technological change. In doing so partnerships often emerge to address two simultaneous challenges: building a collective solution for an agreed common goal, and establishing dialogue across institutions and organisations that can support such common goal. Rather than being a formal agreement at a given time, a partnership is an iterative process to develop a common vision – and thus a common goal – and recognises the capacities and possibilities of different partners in attaining it. An agreement to deliver common action should be made in relation to both partners' capacities and their role within the political context.

What can foster the process of partnership building? Overall, partnership building means bringing together collective efforts to push in the same direction. While partnerships may be oriented towards engaging a variety of social groups, they are most often led by a core group of individuals who are able and willing to move the partnership forward. Sometimes the core group emerges from within the sector of the population that stands to benefit from the partnership. For example, community representatives who defend the interest of the urban poor may organise themselves to actively defend their interests. Locally based organisations may gain leverage through partnerships to raise awareness and gain resources available beyond their local space of action. Other times, a range of intermediaries, concerned with hearing the voice of disadvantaged communities, mediate the establishment of a partnership. This may be particularly relevant in partnerships for climate compatible development, when local concerns need to be balanced with broader considerations of a changing climate at a planetary scale.

Having a core group will help in avoiding situations in which everyone is concerned about a certain problem – the unfolding of climate change in Maputo – but nobody is initiating or leading action. In particular, the core group will need to deal with specific practical considerations to put the partnership into practice (see Box 14), from starting a dialogue to establishing the terms of that dialogue in relation to the actors participating, resources needed and time frames within which different actors operate. Finding a common entry point is a key issue, since some partners may need a hook to get involved in the partnership. Some other partners may get involved at later stages within the partnership, once some interventions are ongoing and its effectiveness has been demonstrated.

Box 14 Some practical questions relevant for the establishment of a partnership

WHO ARE THE PARTNERS?

Partnerships may be actively started by one of the partners who enrol those who can support their cause, but it will only come to fruition if all the potential partners recognise their mutual interest within the partnership. Sometimes, the partnership needs to also enrol those partners whose contribution to the overall goal is not clear, but who have the capacity to act as gatekeepers from within the particular context in which the partnership operates.

WHAT IS THE ENTRY POINT FOR THE PARTNERSHIP?

While the mutual interest may not be obvious at the outset, there needs to be an entry point through which all participants can engage in dialogue. In Maputo, for example, waste management was a good entry point because it is a very current issue, which relates to both existing vulnerabilities and the potential for sustainable development.

WHAT IS THE KNOWLEDGE BASE AND HOW CAN IT BE COMMUNICATED ACROSS PARTNERS?

The development of a partnership requires the transfer of knowledge and skills across partners. This is essential to develop a common vision. Yet, often, the challenge is the recognition of the knowledge that other partners hold. Non-technical partners may not engage with technical information if it cannot be easily understood, interpreted and acted upon. Equally, technical partners may not recognise the important contextual knowledge that other partners may have, from understanding the institutional framework of emergency operations to recognising the specific ways in which community action may improve resilience.

WHAT IS THE TIME FRAME OF THE PARTNERSHIP?

Time frame issues are crucial when dealing with both development and climate change. Often, development objectives are short term, if the need to intervene in a specific context is immediate or if partners with short term-interests, such as business, frame the intervention. With regards to climate change, engagement with climate information requires adopting longer time frames, particularly when the objective is to reduce vulnerability. However, sometimes, considering certain events, such as seasonal rainfall patterns, may shorten the time frame of intervention. Establishing an appropriate time frame for the

Box 14 (Continued)

achievement of collective goals will depend on the context of the partnership. However time frames need to be, on the one hand, short enough to support action implementation but, also, long enough so that immediate concerns do not foreclose the possibility of undertaking a more ambitious perspective to address the concerns of all the partners within the partnership.

WHAT ARE THE RESOURCES NEEDED WITHIN THE PARTNERSHIP AND THE FINANCIAL MECHANISMS AVAILABLE?

The partnership represents the collective efforts of each of the partners, but for it to be successful, partners will have to work towards building in mechanisms to finance the partnership independently. Often, partnerships are a means to leverage those resources which otherwise would not be available to any of the partners working in isolation.

WHAT MECHANISMS CAN ENSURE FLEXIBILITY WITHIN THE PARTNERSHIP?

Partnerships will depend on their ability to adapt to changing conditions, both to deal with the uncertainty inherent in climate change issues and to deal with the changing institutional demands within an urban context. Flexibility may depend on a progressive process of partnership building.

IS THE PARTNERSHIP SUSTAINABLE?

Partnerships do not merely represent a dialogue between partners, but rather, they need to be constituted independently with an orientation towards their sustainability. Showing effectiveness is also a strategy to promote sustainability. However, the need for the partnership also depends on the extent to which the objectives have been achieved. Once they have been achieved, the partnership may no longer be needed.

There is a difference between partnerships and other forms of cooperative governance that focus only on building dialogue between actors who intervene separately. The partnership mediates a form of cooperative action that is common to all the partners and, thus, cannot be brought about by their separate interventions. Hence, an effective partnership has an independent entity beyond partners. This means that partners need to agree their commitment to the partnership and, in particular, what the collective resources are that will support the partnership and during what period of time it will be operative.

While partnerships may enable the bringing together of disparate sets of interests – defined at different scales and relying on a variety of knowledge and understandings of climate compatible development priorities – they also require a conscious effort to bring the partnership together and commit to the objectives of the partnership, independently from those of the individual partners. To do so, it is crucial to consider how the partnership will work within a given context and in particular, how the partnership will: 1) strengthen current institutions (rather than replicate existing efforts); 2) recognise the mutual interests and capacities of partners; 3) gain political will; 4) develop flexible arrangements that open the door to future partners and adapt to a changing environment; and 5) disseminate its results and demonstrate effectiveness.

In the context of uncertainty discussed in chapter 2, building partnerships may require a strategy for experimentation, that is, one that attempts to be learning-by-doing and within which partners recognise each other's right to be wrong. In this way partnerships may allow for strategies which go beyond business as usual proposals that emerge from an open dialogue between participants. Simultaneously, the success of the process will depend on the extent to which the partnership fits its existing context of operation, and builds upon existing networks. A key challenge for a successful partnership is understanding how it will operate within a given context.

Another critique of partnerships is the extent to which they depend on negotiations which take place within a power-laden environment. Ideally, partnerships should be understood as creating debate beyond highly institutionalised domains of environmental policy and, in particular, opening spaces for the voices of those who are disempowered within the policy process.[4] In practice, however, partnerships may depend on the effectiveness of the core group to deal with existing power-centred relations, and the extent to which they may mediate the intervention of less powerful actors within the partnership.

In the context of climate change, struggles may emerge in terms of who gets to define what benefits the partnership has to deliver and to whom. Concerns with vulnerability in the city already point at the urban poor and the provision of urban services as key areas of intervention for climate compatible development. However, powerful actors – particularly those who are able to tap into global discourses of development and access international

---

4   T. Forsyth, 2007, 'Promoting the "development dividend" of climate technology transfer: Can cross-sector partnerships help?' *World Development* 35, 1684-98

finance – may be able to shape the collective goal to suit their interests and, drawing in pre-established solutions (e.g. privatisation, capital investment, infrastructure development), use the partnership as a means to legitimate interventions that respond to the interests of dominant elites. Co-optation is, thus, a risk within partnerships that derives from the difficulties of some actors to establish a strong identity within the partnership.

Therefore, the rest of the chapter reflects on how to manage the two main challenges that emerge for the constitution of successful partnerships. The first challenge is building the partnerships in context – addressing existing realities and concerns of intervening partners – while having space to bring in new ideas and innovations that will make the partnership unique and worthwhile. The second challenge is building a partnership from a perspective that addresses power relations explicitly, by enabling less powerful actors to gain strength and visibility through the development of a collective identity.

4.3. Understanding partnerships in context

Thinking about context means understanding the interrelated set of conditions in which the partnership-building process takes place. As the partnership is built upon a set of social relations, examining the conditions that shape such relations will help in understanding how they can develop. Mapping out who are the different actors intervening in that context and how they can influence the formation of the partnership and the achievement of objectives is a step towards drawing out the context of the partnership. The actor mapping reveals the multiplicity of interests and values intervening in climate compatible development in a particular location, and thus, it also reveals the constraints and challenges to the partnership as perceived by different actors.

The actor mapping will define the actors that can intervene in climate compatible development and the relationships between those actors. For the purposes of the partnership, the core group will need to understand who the key actors participating are, what their interests are, what role they are currently playing in climate governance in that particular city and what further role they could play. Box 15 provides an example of the characterisation of the core group in the participatory project in Maputo, together with the motivations. Key roles are:

- *The facilitator*: an individual (or group of individuals) capable of providing guidance and bringing about a process of negotiation between potential partners in an unobtrusive manner.

Box 15 Active roles in the process of building a partnership in Chamnaculo C

FUNAB played a key role as a champion for the need to involve urban citizens in any decision for climate compatible development in Maputo. The motivations of FUNAB were both to ensure their policies were legitimate and to take leadership in addressing climate change. Through the development of the project the research team attempted to find other champions such as institutional representatives from the municipality.

Originally, the researchers at the three participant universities played the role of facilitators. Their main motivation was to experiment with innovative ways to deliver climate compatible development in a city like Maputo. However, within the project there was a strong concern with delivering project sustainability and thus, the project helped transfer the facilitator role to the CPC, once the CPC was established, through the intervention of local consultants and the NGO AVSI.

The research team made a thorough review of which actors had knowledge relevant to the situation in Maputo. In doing so, they established relationships with actors who had already studied the impact of climate change in the area (such as UNDP and UN-Habitat) and actors who had an intimate knowledge of planning processes in the city (e.g. researchers in the Eduardo Mondlane University). The team also developed networks including actors who had practical experience of building partnerships in the city, especially the Mozambican Association of Recycling, AMOR.

- *The champion*: access to institutions may require the intervention of a partnership advocate who is institutionally embedded, and thus, is able to establish local linkages.
- *Knowledge communicators*: partners may need to draw from different sources of knowledge both during partners' negotiation and to facilitate implementation.

Understanding who integrates the core group, which role each actor plays and what their interests are helps, not only to develop appropriate strategies for partnership making, but also to build in flexibility through an understanding of what matters to each partner and what the areas are in which compromise is possible. This also helps to establish channels for reaching other actors who may also intervene in the partnership.

Actor mapping will not only enable the identification of those actors who could participate or mediate the partnership, but will also contribute to understanding the constraints that some actors face within the existing context, and the relationships that may be needed to succeed in establishing the partnership at the local level. Rather than looking into actors' interests only, the objective here is to map existing capacities, both in relation to what the actors can do and in relation to the politics of the place, in order to identify areas of potential engagement and gatekeepers.

The core group may work towards identifying a long list of important actors through brainstorming and preliminary interviews. Current thinking in cooperative environmental governance may inform this process. Figure 4, for example, shows the dominant view within the literature that has studied examples of partnership, both between government institutions and business (public–private partnerships) and between government institutions and communities (community-based natural resource management). This provides a starting point to think about potential partners and their interests.

The model, however, limits the potential for partnerships to adapt flexibly to the changing demands and the uncertainty inherent in climate compatible development. First, the model does not reflect that, in practice, partnerships emerge at all levels, with or without the intervention of the government. Institutional backing is important but may happen without formally becoming part of the partnership – for example, in the partnerships

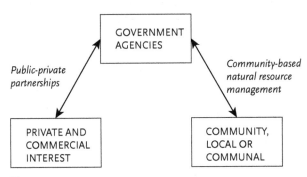

Figure 4
Cooperative environmental governance models (redrawn from Plummer and FitzGibbon, 2004).

for waste collection in Maputo the government provides support but it is not a central part of the partnership. Governments may develop enabling strategies to develop action beyond their capacities.

Moreover, capacities may lie outside the government. In Maputo, for example, FUNAB was overcommitted, and the staff often lacked the capacity to respond to some of the challenges that emerged during the project. Thus, while FUNAB championed the project, staff had to be found outside FUNAB to manage the project within Eduardo Mondlane University (see Box 15).

Untangling the map of actors is a difficult task within an urban context where multiple layers operate simultaneously. Moreover, the identification of actors will depend on the consequences of climate change and the possibilities to address its impacts within that specific context. In Maputo, climate change adaptation emerges as a priority in relation to waste and water management. This is different from other cities where energy consumption and de-carbonisation may be the main priorities. Moreover, climate change action is also related to questions of timescales. Developing a sense that climate change is already happening – by relating climate change with recent flooding for example – is a strategy to convince institutional representatives (i.e. city mayors) and business of the need to take action in partnership. Moreover, thinking long term (the kind of thinking that supports climate compatible development) may be a luxury in policy contexts where institutions are already stretched or lack the capacities to respond adequately to current development challenges.

Much discussion around climate compatible development relates to the need to deal with questions of scale, for example how a global problem is managed within a local context. Overall, partnerships enable the interaction of actors regardless of their ambit of intervention. Moreover, partners work together for a collective goal, which may go beyond addressing their particular interests. Actors may be acting simultaneously in public and private realms, dissolving these boundaries. Overall, when thinking about partnerships, actors should be understood as operating in a continuum which challenges fixed understandings of scale and public and private divisions. Figure 5 shows some examples of actors who may be intervening in partnership regardless of their characterisation across the permeable continuum of scale and public/private characterisation.

Finally, thinking about partnership also requires characterising the interests and constraints under which actors operate. This may require quite lengthy work from the core group in communicating and exchanging information with potential partners, for example through interviews. Rather than understanding the interview as a mere means of gathering information,

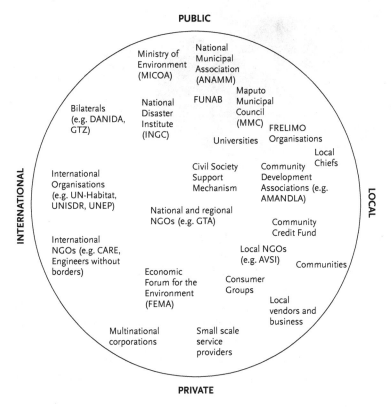

PUBLIC

Ministry of Environment (MICOA)

National Municipal Association (ANAMM)

Bilaterals (e.g. DANIDA, GTZ)

National Disaster Institute (INGC)

FUNAB

Maputo Municipal Council (MMC)

Universities

FRELIMO Organisations

Local Chiefs

International Organisations (e.g. UN-Habitat, UNISDR, UNEP)

Civil Society Support Mechanism

Community Development Associations (e.g. AMANDLA)

National and regional NGOs (e.g. GTA)

Community Credit Fund

International NGOs (e.g. CARE, Engineers without borders)

Local NGOs (e.g. AVSI)

Communities

Economic Forum for the Environment (FEMA)

Consumer Groups

Local vendors and business

Multinational corporations

Small scale service providers

INTERNATIONAL

LOCAL

PRIVATE

Figure 5
Summary of actor mapping for climate compatible development in Maputo alongside the axis of scale and public/private character.

in Maputo we used it as a way to influence potential partners and gain their support for the partnership. Understanding what could be achieved and how the other partner will contribute to this objective is a strategy to ensure the interview is sufficiently persuasive. However, the interview is also a space of negotiation, one in which both interviewers and interviewees can redefine their own interests and objectives.

One key concern within our project was to understand the extent to which different organisations related to climate compatible development concerns. Thus, following consultations with key informants, an important part of the project consisted of an actor-mapping exercise. This explicitly looked into the climate compatible development orientations of different actors, and the extent to which each one directly addressed the trade-offs between climate change adaptation, mitigation, and broader development concerns, or took advantage of their synergies. We looked at 73

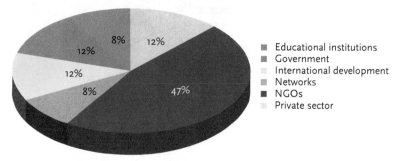

Figure 6
Distribution of actors in the sample.

organisations that could potentially intervene for climate compatible development in Maputo.[5] These included NGOs, international development and government institutions, private-sector bodies, local networks and educational institutions (Figure 6).

Then we looked into the dimensions of climate compatible development – mitigation, adaptation, development – which each organisation prioritised, as expressed in their objectives and policy documents. Figure 7 shows that, despite increasing awareness about climate change, development is the main priority for most institutions. Few prioritise

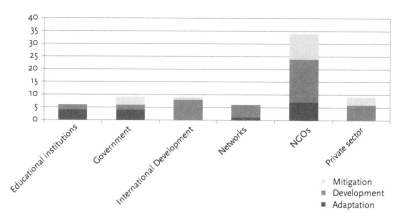

Figure 7
Key climate compatible development orientations of different actors in Maputo.

---

5   V. Castán Broto, D. Macucule, E. Boyd, J. Ensor, & C. Allen, 2015. 'Building collaborative partnerships for climate change cction in Maputo, Mozambique', *Environment and Planning A*, 47(3), 571–87.

adaptation and even fewer mitigation. We found the lack of prominence of adaptation surprising, given the urgent nature of adaptation challenges in Maputo and the vulnerabilities that have been made particularly visible during floods in the last two decades. Mitigation is often considered as part of development interventions, giving them additional value, rather than being an objective in itself, and is most often linked to urban-planning interventions which focus on the future of a sustainable city. Recognising both the distinct objectives of each organisation and how they link with different concerns is important for developing strategies for partnerships.

Developing partnerships with an organisation may require further research about its practices and policies. In our project we felt that this was a key area in which our academic team could assist communities. We made a selection of key organisations from the example above and we contacted them for in-depth interviews. The core team prepared a long list of questions that could lead such interviews to reveal how actors understood climate change issues in Maputo, their outlook on the current governance structure, the relationship between different actors, and the potential for partnerships and participatory planning to have an impact in the context of Maputo (see Table 9). However, a long list of questions may not be always the most appropriate way to engage potential partners. This approach would work better when the grounds for dialogue are insufficiently understood or when outsiders lead the core group (as was the case in this project). In Maputo, for example, when the CPC took on core group responsibilities after the PAPD completion, they were able to engage with potential partners in relation to concrete development proposals which did not require a wider discussion of organisational objectives.

4.4. Gaining visibility to address power imbalances

Partnerships emerge in specific social contexts, in which each actor has different capacities to influence the course of action. This does not mean that only some actors – for example, government, transnational private companies – can develop and contribute to a partnership. Instead, the partnership approach helps in recognising the multiple capacities within an urban setting from citizens, organisations and networks. Climate compatible development emerges from numerous context-specific actions, rather than just from grand strategies and master planning.

This, however, should not distract attention from the difficulties in bringing about a partnership that addresses citizens' concerns when certain actors have capacity both to prevent less powerful actors to intervene and to

Table 9 Full list of questions with which to approach potential partners

Main objectives of the interview in relation to the main objectives of the project	The question would contribute to:	Sample questions
Understanding climate change scenarios for Maputo in context	Actor's understanding of current environmental issues in Maputo, for example: • Flooding • Waste and sanitation • Water security • Food security • Land • Pollution	• What are, in your opinion, the main environmental issues in Maputo? • Can you explain how the environmental issues mentioned may affect different groups of people in the city?
	Actor's understanding of potential climate impacts, for example: • Flooding • Sea-level rise • Heat island • Food security • Other	• [If not mentioned above] To what extent is climate change a relevant issue in Maputo? (Y/N ask to explain) • [If Yes] Explain the main challenges in relation to climate change in Maputo
	Actor's understanding of vulnerability factors, for example: • Poverty • Inequality • Access to resources and services • Housing • Livelihoods	• Who are the main actors affected by these problems? • What are the main factors which affect the vulnerability of different actors in Maputo? • Can you explain how each of the factors mentioned affect different groups of population?
Understanding the current governance context	Understanding the role that different institutions can play for climate compatible development. Should start thinking about urban and social development and its implications for CCD	• What are the main institutions which are influencing urban development planning in Maputo? • How do they intervene? Resources? • How have they developed? • What is the role of the local government? And the national government? Any other actors you want to mention? • To what extent can this deal with the problems discussed above?

Table 9 (Continued)

Main objectives of the interview in relation to the main objectives of the project	The question would contribute to:	Sample questions
	Role attributed to public participation	• What does public participation mean in your work?
		• What are the mechanisms to give different publics a voice in current government?
		• Who gets excluded? Why? What mechanisms are in place/should be in place to reach them? What support is available (if any)? Who is hardest to reach? Whose voice is most routinely heard and acted on?
		• Is participatory budgeting in place? (Explain that we know that participatory budgeting is working in some places in Mozambique.) How does it operate?
		• If I were a citizen in Maputo, what would be the alternatives to have my voice heard by the local government/by the national government (may like to refer to specific institutions or process)?
Understanding the actors intervening in climate change	Understanding how actors present the ongoing initiatives that they are taking for climate change/ environment	• Can you briefly describe any initiatives related to climate change/flooding/energy efficiency and energy security/water and sanitation/food and resource security/ pollution within your organisation, and who is leading them?
		• What has made these initiatives possible?
		• What has been their impact so far?
	Understanding the perceptions of actors from other initiatives taking place in the city. Consider: • National government • Local government • Other government • International organisations and NGOs • Local civil society organisations • Private sector and business • Academia	• Who are the main actors in Maputo taking action for climate change/flooding/energy efficiency and energy security/water and sanitation/food and resource security/ pollution? • What are the main initiatives in these areas? • What has been the impact of such initiatives so far?

Table 9 (Continued)

Main objectives of the interview in relation to the main objectives of the project	The question would contribute to:	Sample questions
	Understanding the local perceptions of who are the movers and shakers	• Who can stir action for climate change (or the environment) in Maputo? **Or** who are the movers and shakers in Maputo, in terms of bringing about climate/ environmental action?
		• How do they interact with formal institutions?
		• Where do resources for these initiatives come from?
		• How does change really happen?
Understanding the operation of partnerships in practice in Maputo	Understanding the operation of partnerships in Maputo	• Do you work in partnership? Explain.
		• Are you aware of any partnerships in any of the areas mentioned above which are currently operating in Maputo?
		• If not mentioned, what is your opinion of the waste management partnership which is operating in several communities (perhaps additional detail is needed)?
		• (In relation to these experiences, what are the disadvantages and advantages of working in partnership?)
	Understanding the potential of partnerships in the context of Maputo	• (In relation to the answers to questions above) What is your opinion of partnerships as a way to deliver urban/ environmental services in the context of Maputo?
		• Are there other forms of government/ service delivery which are more effective? Explain
	Understanding who are the main actors that we cannot do without	• Who would you need to reach your objectives? Is there anybody in the way of reaching your objectives?
		• (If you were going to do a partnership for climate change (or environmental management) in Maputo, who are the main actors you would need to enrol?)
		• (Are there any actors that you would exclude? Why would you exclude them?)

Table 9 (Continued)

Main objectives of the interview in relation to the main objectives of the project	The question would contribute to:	Sample questions
Understanding the potential of local planning for climate change	Current planning arrangements	• Are you familiar with the current planning context in Maputo? Can you give us an overview?
		• What have been the main changes in the local planning system in the last few years?
		• How could the current planning system be improved, in your opinion?
	Integration of climate change in planning	• To what extent do you think climate change can be integrated in the current planning system?
		• Can you explain the barriers and opportunities to integrating climate change in the current planning system?
	Integration of planning across scales	• To what extent is there room to bring different voices into the current planning system?
		• Can communities, especially those in informal settlements, participate in the planning process? What are the barriers to their participation?

shape the results according to their own interest. The risk of co-optation is the main challenge for partnerships. Sometimes efforts to bring a partnership only advance the interests of some of the actors involved, for example when the partnership approach is used as a means to privatise services. Simultaneously, some partners will need to take leadership to move events in a particular direction away from a stalemate situation in which dialogue leads to no action (or even hinders action possibilities).

If communities are seen as being at the centre of climate compatible development, then issues of power need to address the extent to which they can be represented as having a strong identity within a partnership. PAPD can contribute to the creation of such strong identity in two ways: 1) by organising themselves through a representative committee; 2) by developing a strong message of proposals for climate compatible development as synthesised in the action plan. These are both necessary conditions for the community's participation in the partnership. However, they are not sufficient conditions. For example, the community – and the committee – could be understood as clients, posing demands that either the government or business actors should meet (e.g. passing new regulations, providing employment). Communities could find through the PAPD process that some of their demands are indeed this kind of demand, for which there is already an organisation that can respond. In such cases PAPD can contribute to highlight ineffectual institutions or lack of resources. This, however, is not conducive to a partnership agreement.

Most often, however, as it was the case in Maputo, the PAPD process will reveal a series of proposals in which the community can intervene, but only with the support of other institutional actors. In those cases, the community cannot be understood as a client that demands certain actions, but as a partner with crucial knowledge of how climate change interacts with current vulnerabilities. In these cases, gaining identity requires both developing the means for community representation (through a process like PAPD) and for community recognition.

Counting on the support of a champion or institutional backing is only one of the possible means of gaining recognition. Within the project, we focused on integrating mechanisms for recognition within the development of the project (see Box 16).

Cooperative strategies may be sufficient to draw in the interest of potential partners, particularly when there is already institutional support for ongoing work. In these situations, communities need to reassess their demands through the development of a solid common front – that is, a clear collective message – emerging through PAPD.

Box 16 Strategies to gain community recognition

We used three strategies to gain community recognition:

- Within PAPD this is done through the incorporation of secondary stakeholders who could eventually become partners for the communities from the beginning of the process.
- Towards the end of the PAPD process we organised a learning workshop with multiple stakeholders identified through the actor mapping. The workshop was led by the community committee and backed up by strong presentations from local residents.
- We drew on FUNAB's capacity to act as a champion of the project facilitating the establishment of networks through interviews and informal meetings.

The question here is how to move from gaining recognition to obtaining a commitment from the parties involved. Engaging actors may require an ongoing process of transmitting information and discussion of common areas where a mutual interest can emerge. This is however different from getting partners to agree to do something and to commit to a future course of action. Public and private declarations of commitment may be sometimes enough to work towards partnership goals when these can be achieved by the discrete actions of its members. Forms of collective action with high transaction costs may require formal means of commitment – from a memorandum of understanding to a contract. The precise arrangements will depend on the nature of the action proposed and the relationships between partners.

In Maputo, as in other locations, recognition is not always a given. Sometimes communities will need to work towards being noticed. This may mean it is necessary to create awareness or even to put pressure on political and business leaders to join in the demands of the community. In these cases, community representatives become activists, committed to their goals of pursuing social change. However, before engaging in such activity it is important to ensure that there is a clear goal and shared message that the community wants to put forward. PAPD is designed as a process to define such a goal and defining it to an extent that the details are worked out. The clearer the path for implementation, the more likely some actors will be able to commit to it. Once the goal is defined there are three strategies to create awareness and pressure: 1) by developing forms of local organisation such as, for example, organising a network and leveraging local resources so that there is a wide base of support for the proposals; 2) by communicating broadly the message through local and translocal media; and 3) by undertaking symbolic actions which may target specific organisations and individuals. What strategies are most appropriate will depend on the context of intervention. Overall, any actions that show the local capacity for mobilisation are likely to generate a response from concerned institutions and authorities. For those aiming to work towards a partnership, evaluating those responses (especially if they are negative) will be key to developing negotiation pathways.

Sometimes visibility can be gained just by being opportunistic, that is, by dovetailing ongoing debates. For example, as waste management has already been a long-term concern in Maputo, it helped to build an entry point for a future partnership between FUNAB, the local communities, and other organisations which have already been intervening in this area. This helped further understanding of how this previous partnership experience could be broadened to address climate compatible development concerns.

4.5. Key lessons

- What differentiates partnerships from other forms of environmental governance is the partners' commitment to work towards a common goal.

- Partners' roles within a partnership depend on the needs of the partnership rather than on the interests of the partners.

- When joining a partnership, less powerful actors should develop a strategy to prevent co-optation. Key aspects of such strategy are establishing a clear position and developing methods to gain visibility and recognition.

Chapter 5
Conclusion and Ways Forward

This book provides ideas and methodologies for fostering and developing partnerships for climate compatible development that truly acknowledge the concerns and needs of local communities, especially those communities that host the urban poor and the most vulnerable to climate change impacts. From this perspective, citizens should be at the centre of the partnership. Hence, our project has worked towards building methodologies that can help citizens to organise themselves and build a common vision to communicate to other partners. These insights build upon our experiences of building partnerships in Maputo. This is, however, an incomplete and ongoing experience in which gaining commitment is still a challenge. Nevertheless, this experiment suggests that helping urban citizens to build a strong identity before joining a partnership and developing dialogue with potential partners, with a strong consideration of the context, are useful strategies for establishing working partnerships for climate compatible development.

Read together, the processes of bringing climate change information to the local level, mobilising communities, and fostering the formation of partnerships provide three key insights into how to achieve climate compatible development in an urban setting.

First, partnerships need to be built within existing contexts. Most times, as in Maputo, the context may be extremely complex, with diverse systems of parallel institutions that have been developed through the city's history. Paradoxically, within this complexity, because of the way climate change has transformed the landscape of urban governance, institutions capable of establishing a broad dialogue on climate change may simply not exist.

Second, our project sought to fill in this gap by creating an institution from the bottom up, while being sensitive to expert-led and top-down analysis of the needs for climate change action in Maputo. Thus, the PAPD led to the constitution of a Climate Planning Committee (CPC) of citizens who not only understand what climate change may mean for the residents of Chamanculo C, but also are able to gather relevant information and present these insights, together with an analysis of community priorities, to powerful actors who can make the community proposals a reality.

Third, the process relied on two crucial factors. On the one hand, the experiment uncovered the untapped potential in the community, the latent knowledge, skills and enthusiasm within local residents, who, with a small amount of external support for facilitation and access to networks, were able to organise for and communicate their own interests and demands for climate compatible development. On the other, the role of national institutions, especially FUNAB, in supporting this process was fundamental, both in terms of putting the issue on the agenda and in terms of providing financial backing and options for future implementation. FUNAB recognised the need to develop institutional capacities to understand local concerns and championed the project, facilitating networking with key institutions.

Development of large-scale participatory planning processes for climate compatible development may seem to be resource- and time-consuming. It requires the buy-in of the community, their belief that the process will contribute to the improvement of their city and neighbourhood, and their certainty that their visions for the city's future will be recognised and considered by city managers. Ideally, experiments such as these should provide insights for city managers and planners, to turn towards deliberation as a key means of delivering the city's future while incorporating climate change information. However, when planning capacity is challenged and decimated, climate change information not easily available, and international consultants seem to offer prestigious and rapid methods for climate change action, participatory planning may seem to be an expensive curiosity in climate change planning. It is not. Instead, participatory and deliberative planning – from community planning to stakeholder discussions – may be the most efficient way to address humanity's biggest ever challenge. It is indeed both the most efficient and the right way to address it.

Can the experience of Maputo be translated into other urban contexts in Africa, where climate change poses clear challenges? We would discourage readers from taking our experience in Maputo as a 'best practice' example. When dealing with complex problems and multiple values, 'best practice' examples are more likely to distract attention from the nature of the problem than provide a ready-made solution for it.

Instead, the process of understanding the context and tailoring solutions is inherent in the participatory experience. Our experience in Chamanculo C is an experiment because it involves an open-ended learning process. We were not sure about what to do in Chamanculo C but we were sure of the need to look at the everyday life of urban citizens, and how they perceive their own vulnerabilities, to enable climate compatible development. Participatory planning offers different methods that can help to unpick such vulnerabilities and empower communities to achieve both representation and recognition of their concerns and latent capacities. In Maputo, the participatory process has been a means to build and share an understanding of the challenges that communities face in the context of climate change. Longer time frames are required to show whether the community's ideas are practicable. This is, however, not a recipe for action but a springboard for possible ideas. Rather than fostering uncritical action, we aim at overcoming the paralysis that may result from understanding the uncertain context of climate compatible development. To this example we hope to add others in which both the potential and the challenges to participatory planning come to the fore.

References

ActionAid, 2006, *Climate Change, Urban Flooding and the Rights of the Urban Poor in Africa: Key Findings from Six African Cities* (ActionAid International, London, Johannesburgh).

Berkhout F., J. Hertin, & A. Jordan, 2002, 'Socio-economic futures in climate change impact assessment: Using scenarios as "learning machines"' *Global Environmental Change* 12, 83–95.

Boyd E., & C. Folke, 2011, *Adapting Institutions: Governance, Complexity and Social-Ecological Resilience* (Cambridge University Press, Cambridge, UK).

Boyd E., H. Osbahr, P. J. Ericksen, E. L. Tompkins, M. C. Lemos, & F. Miller, 2008, 'Resilience and "climatizing" development: Examples and policy implications' *Development* 51, 390–6.

Brenner N., P. Marcuse, & M. Mayer (Eds.), 2011, *Cities for People, Not for Profit: Critical Urban Theory and the Right to the City* (Routledge, London).

Brinkerhoff J. M., 2002, 'Government–nonprofit partnership: A defining framework' *Public Administration and Development* 22, 19–30.

Brunner R. D., & A. H. Lynch, 2010 *Adaptive Governance and Climate Change* (American Meteorological Society, Boston).

Bulkeley H., & V. Castán Broto, 2013, 'Government by experiment? Global cities and the governing of climate change' *Transactions of the Institute of British Geographers* 38, 361–75.

Burningham K., & D. Thrush, 2003, 'Experiencing environmental inequality: The everyday concerns of disadvantaged groups' *Housing Studies* 18, 517–36.

Castán Broto V., E. Boyd, & J. Ensor, 2015, 'Participatory urban planning for climate change adaptation in coastal cities: Lessons from a pilot experience in Maputo, Mozambique', *Current Opinion in Environmental Sustainability* 13, 11–18.

Castán Broto V., & H. Bulkeley, 2013, 'A survey of urban climate change experiments in 100 cities' *Global Environmental Change* 23, 92–102.

Castán Broto V., D. Macucule, E. Boyd, J. Ensor, & C. Allen, 2015, 'Building collaborative partnerships for climate change action in Maputo, Mozambique', *Environment and Planning A*, 47(3), 571–87.

Castán Broto V., B. Oballa, & P. Junior, 2013, 'Governing climate change for a just city: Challenges and lessons from Maputo, Mozambique' *Local Environment* 18, 678–704.

Collins K., & R. Ison, 2009, 'Editorial: living with environmental change: Adaptation as social learning' *Environmental Policy and Governance* 19, 351–7.

Cooke B., & U. Kothari, 2002, 'The Case for Participation as Tyranny', in *Participation: the New Tyranny?* Ed. B. Cooke, & U. Kothari (Zed Books, London) pp. 1–15.

Davoudi S., J. Crawford, & A. Mehmood, 2009 *Planning for Climate Change: Strategies for Mitigation and Adaptation for Spatial Planners* (Earthscan, London).

Dodman, D., J. Bicknell, & D. Satterthwaite (Eds.), 2012, *Adapting Cities to Climate Change: Understanding and Addressing the Development Challenges* (Routledge, London).

Ensor J., 2011, *Uncertain Futures* (Practical Action Publishing, Rugby).

Ensor, J., E. Boyd, S. Juhola, & V. Castán Broto, 2014, 'Building adaptive capacity in the informal settlements of Maputo: Lessons for development from a resilience perspective', in T. H. Inderberg, S. Eriksen, K. O'Brien, & L. Sygna (Eds.), *Climate Change Adaptation and Development: Transforming Paradigms and Practices* (Routledge, London), pp. 19–38.

Evans A., & S. Varma, 2009, 'Practicalities of participation in urban IWRM: Perspectives of wastewater management in two cities in Sri Lanka and Bangladesh', in *Natural Resources Forum*, Wiley Online Library, pp. 19–28.

Forester J., 1999, *The Deliberative Practitioner: Encouraging Participatory Planning Processes* (MIT Press, Cambridge, Mass.).

Forsyth T., 2007, 'Promoting the "development dividend" of climate technology transfer: Can cross-sector partnerships help?' *World Development* 35, 1684–98.

Gaventa J., 2004, 'Towards participatory governance: Assessing the transformative possibilities', in M. Hickey, & G. Mohan (Eds.), *Participation: From Tyranny to Transformation* (Zed Books, London), pp. 25–41.

Glasbergen P., 1998, *Co-operative Environmental Governance: Public-Private Agreements as a Policy Strategy* (Springer Verlag, London).

Glasbergen P., F. Biermann, & A. P. Mol, 2007, *Partnerships, Governance and Sustainable Development: Reflections on Theory and Practice* (Edward Elgar Publishing, Cheltenham).

Harvey D., 2003, 'The right to the city' *International Journal of Urban and Regional Research* 27, 939–41.

Healey P., 1997, *Collaborative Planning: Shaping Places in Fragmented Societies* (Macmillan, London).

Hickey, M., & G. Mohan (Eds.), 2004, *Participation: Tyranny to Transformation* (Zed Books, London).

Inderberg T. H., S. Eriksen, K. O'Brien, & L. Sygna (Eds.), 2014, *Climate Change Adaptation and Development: Transforming Paradigms and Practices* (Routledge, London).

Innes J. E., & D. E. Booher, 1999, 'Consensus building and complex adaptive systems: A framework for evaluating collaborative planning' *Journal of the American Planning Association* 65, 412–23.

Innes J. E., & D. E. Booher, 2010 *Planning with Complexity: An Introduction to Collaborative Rationality for Public Policy* (Routledge, London and New York).

ISET (Institute for Social and Environmental Transition), 2010, *The Shared Learning Dialogue: Building Stakeholder Capacity and Engagement for Resilience Action*, Climate Resilience in Concept and Practice Working Paper 1 (Boulder, Colorado).

Lefebvre H., 1996, 'The right to the city', in E. Kofman & E. Lebas (Eds. and Trans.), *Writings on Cities* (Blackwell, Oxford), pp. 147–59.

Lewins R., S. Coupe, & F. Murray, 2007, *Voices from the Margins: Consensus Building and Planning with the Poor in Bangladesh* (Practical Action Publishing, Rugby).

McKinsey & Co., 2012, *Responding to Climate Change in Mozambique: Theme 3: Preparing Cities* (INGC, Maputo).

McSweeney C., G. Lizcano, M. New, & X. Lu, 2010, 'The UNDP Climate Change Country Profiles: Improving the accessibility of observed and projected climate information for studies of climate change in developing countries' *Bulletin of the American Meteorological Society* 91, 157–66.

Mitchell T, & S. Maxwell, 2010, 'Defining climate compatible development', CDKN Policy Brief. Climate & Development Knowledge Network, London. Available at <http://r4d.dfid.gov.uk/pdf/outputs/cdkn/cdkn-ccd-digi-master-19nov.pdf >.

Mitchell T., & M. van Aalst, 2008, 'Convergence of disaster risk reduction and climate change adaptation' A review for DFID, 31 October. Available at <http://www.nirapad.org.bd/admin/soft_archive/1308126954_Convergence%20of%20Disaster%20Risk%20Reduction%20and%20Climate%20Change%20Adaptation.pdf> (accessed 23 June 2006).

MMC, UN-Habitat, & Agriconsulting, 2012, 'Availação detalhada dos impactos resultantes dos eventos das mudanças climáticas no Município de Maputo' (UN-Habitat, Nairobi).

Pelling M., & D. Manuel-Navarrete, 2011, 'From resilience to transformation: The adaptive cycle in two Mexican urban centers' *Ecology and Society* 16(2), 11.

Plummer R., & J. FitzGibbon, 2004, 'Some observations on the terminology in co-operative environmental management' *Journal of Environmental Management* 70, 63–72.

Satterthwaite D., S. Huq, H. Reid, M. Pelling, & P. R. Lankao, 2007, *Adapting to Climate Change in Urban Areas: The Possibilities and Constraints in Low- and Middle-Income Nations*, Human Settlement Discussion Paper Series (International Institute for Environment and Development – IIED).

Taha A., R. Lewins, S. Coupe, & B. Peacocke, 2010 'Consensus building with Participatory Action Plan Development', *Practical Action Facilitators Guide*, June 2010.

Tanner T, & A. Bahadur, 2012, *Transformation: Theory and Practice in Climate Change and Development*, in Institute of Development Studies Briefing Note (IDS, London).

Tompkins, E. L., & W. N. Adger, 2005, 'Defining response capacity to enhance climate change policy', *Environmental Science and Policy*, 8, 562–71.

Tompkins, E. L., A. Mensah, L. King, T. K. Long, E. T. Lawson, C. W. Hutton, V. A. Hoang, C. Gordon, M. Fish, J. Dyer, & N. Bood, 2013, *An Investigation of the Evidence of Benefits from Climate Compatible Development*, SRI Papers N. 44, University of Leeds.

Van der Sluijs J., 2006, 'Uncertainty, assumptions and value commitments in the knowledge base of complex environmental problems', in A. G. Pereira, S. G. Vaz, & S. Tognetti (Eds.), *Interfaces Between Science and Society* (Green Leaf Publishing, Sheffield, UK), pp. 64–81.

Watson V., 2009, '"The planned city sweeps the poor away...": Urban planning and 21st century urbanisation' *Progress in Planning* 72, 151–93.

Wilby R. L., & T. Wigley, 1997, 'Downscaling general circulation model output: A review of methods and limitations' *Progress in Physical Geography* 21, 530–48.

World Climate Research Programme. See <http://www-pcmdi.llnl.gov/new_users.php> (accessed 25 June 2015).

Yates J. S., 2012, 'Uneven interventions and the scalar politics of governing livelihood adaptation in rural Nepal' *Global Environmental Change* 22, 537–46.

Photo essay: Maputo, flooding, vulnerability

Ensaio Fotográfico: Maputo, Inundações, Vulnerabilidade

Photo 1 Chamanculo C is typical of the older unplanned neighbourhoods just outside the colonially-planned 'Cement City' of Maputo. Without drainage, water accumulates in its unpaved streets.

Chamanculo C é típico dos antigos bairros não ordenados, localizados perto da 'Cidade de Cimento' de Maputo. Sem a drenagem, a água acumula nas ruas não pavimentadas.

Photo: Charlotte Allen

Photo 2 The neighbourhood developed from the 1920s without public utility services. Now domestic water connections lie buried just below the road surface or sometimes exposed on the surface.

O bairro nasceu cerca do ano 1920, sem os serviços públicos. Hoje, os tubos de abastecimento de água ficam muito próximos da superfície das ruas ou mesmo descobertos.

Photo: Kevin Adams

Photo 3 The original houses were built of reeds, corrugated iron or rubble and plaster. Often several households share the same yard, washing facilities and latrines.

As casas originais foram construídas de caniço, chapas de zinco ou paus maticados. O quintal, casa de banho e latrina são muitas vezes partilhados por várias famílias.

Photo: Charlotte Allen

Photo 4 The last 30 years have seen densification of the neighbourhood and improvement of houses as residents rebuild and extend their homes using cement blocks.

Nos últimos 30 anos, viu-se a densificação do bairro bem como o melhoramento das casas. Os moradores reconstroem e ampliam as suas casas usando blocos de cimento.

Photo: Charlotte Allen

Photo 5 At home in Chamanculo.

Em casa no Chamanculo.

Photo: Kevin Adams

Photo 6 Preparing dinner.

A preparar o jantar.

Photo: Kevin Adams

Photo 7 As a low-lying neighbourhood vulnerable to increasing flood risk due to climate change, Chamanculo C was chosen for development of a Community Climate Change Adaption Plan. The launch meeting for the community plan for Block 16A was facilitated by fieldworkers of the Italian NGO AVSI.

Como exemplo de um bairro numa zona baixa, vulnerável ao risco maior de inundação devido às mudanças climáticas, Chamanculo C foi seleccionado para o projecto de elaboração de um Plano Comunitário de Adaptação às Mudanças Climáticas. A reunião de lançamento do plano comunitário foi facilitada pela equipe de campo da ONG italiana AVSI.

Photo: Charlotte Allen

Photo 8 For the Participatory Action Plan Development (PAPD), five working groups, representing different social groups, were constituted to capture the different perspectives on flooding that exist within the community. Here, the Housewives' group talk about the causes of flooding.

Para a elaboração participativa do plano de acção, foram constituídos cinco grupos de trabalho representando diferentes grupos sociais, para capturar as diversas perspectivas sobre as inundações que existem na comunidade. Aqui, o Grupo das Donas de Casa conversa sobre as causas das inundações.

Photo: Charlotte Allen

Photo 9 The Young People's group prepare their findings on the causes and impacts of flooding and possible solutions, for presentation to the other groups.

O Grupo dos Jovens prepara as suas constatações sobre as causas e os impactos das inundações e possíveis soluções, para apresentação aos outros grupos.

Photo: Domingos Macucule

Photo 10 Discussing the findings of all the groups at the plenary group meeting. Together, the groups reached agreement on the main causes and issues related to flooding and a basket of possible solutions. They also elected a Climate Planning Committee (CPC) with representatives of all groups.

O debate sobre as constatações de todos os grupos na reunião em plenário. Trabalhando em conjunto, os grupos chegaram a consenso sobre as causas e os problemas relacionados às inundações e um cesto de possíveis soluções. Também elegeram o Comité de Planificação para o Clima (CPC) que incluiu representantes de todos os grupos.

Photo: Domingos Macucule

Photo 11 The groups all agree that the soil does not absorb water as it used to. Since the major flood in 2000 the situation seems to be getting worse.

Os grupos concordam que o solo já não absorve a água como antes. Parece que a situação está a piorar a partir da grande inundação de 2000.

Photo: Charlotte Allen

Photo 12 Movement of vehicles on the unsurfaced roads creates undulations and depressions, where the water collects and stagnates.

A movimentação de viaturas nas ruas não pavimentadas cria ondulações e depressões onde a água acumula e fica estagnante.

Photo: Ernesto Messias Inguane

Photo 13 As the neighbourhood has become more densely occupied, unplanned buildings and yard walls have closed the natural drainage routes. Previously, yards were enclosed by thorn hedges and the water flowed freely.

Como o bairro tornou-se mais densamente povoado, as construções não planificadas e os muros fecharam os cursos naturais de drenagem das águas. Anteriormente os quintais foram cercados por plantas espinhosas e a água drenava livremente.

Photo: Ernesto Messias Inguane

Photo 14 Residents are forced to throw dirty water, from bathrooms and washing clothes and dishes, into the streets.

O despejo nas ruas da água suja das casas de banho e lavagem de roupa e loiça.

Photo: Ernesto Messias Inguane

Photo 15 There is only one drain in the whole neighbourhood. It was built after the floods of 2000 but does not function well because it was poorly designed and constructed: the gradient is insufficient and there is no outlet for the water.

Existe apenas uma vala de drenagem no bairro. Foi construída após as inundações do ano 2000 mas não funciona bem porque foi mal concebida e mal construída: a inclinação é insuficiente e a vala não tem saída para a água.

Photo: Ernesto Messias Inguane

Photo 16 Leaking and broken water supply pipes (illegal and legal) fill the drain and contribute to flooding elsewhere. According to residents, leaking pipes are worse than the rain, because 'they are there every day'.

A água da rede de abastecimento doméstico pinga dos tubos partidos (tanto legais como clandestinos) e enche a vala, assim contribuindo às inundações. De acordo com os moradores, os tubos partidos são piores de que a chuva pois 'existem todos os dias'.

Photo: Charlotte Allen

Photo 17 The drainage channel is blocked as it is not cleaned regularly.

A vala de drenagem fica entupida uma vez que não tem limpeza regular.

Photo: Ernesto Messias Inguane

Photo 18 Waste collection is deficient. Containers overflow, so residents dump rubbish in the drainage channel.

A recolha de lixo é deficiente e os contentores enchem-se e transbordam. Assim os moradores deitam lixo na vala de drenagem.

Photo: Ernesto Messias Inguane

Photo 19 Waste water is also thrown into the drainage channel.

A água suja também é despejada na vala.

Photo: Ernesto Messias Inguane

Photo 20 Members of the CPC prepare to present their analysis and proposals to the Stakeholder Workshop. Their proposals included community mobilisation to clean and maintain the drain, community-led education for climate change adaptation, and a local waste recycling scheme.

Os membros do CPC preparam-se para apresentar as suas análises e propostas ao workshop com as partes interessadas. As propostas incluíram a mobilização da comunidade para a limpeza e manutenção da vala de drenagem, a educação para a adaptação às mudanças climáticas e um projecto local de reciclagem de lixo.

Photo: Charlotte Allen

Photo 21 Cleaning the drainage channel in June 2015. This activity is part of the HAMB (Man and the Environment) Project, designed and implemented by the community and funded by UCL.

A limpeza da vala de drenagem em Junho 2015. Esta actividade faz parte do Projecto HAMB (Homem e Ambiente), concebido e implementado pela comunidade e financiado pela UCL.

Photo: Ernesto Messias Inguane

Photo 22 The sludge removed from the drainage channel.

O lodo tirado da vala de drenagem.

Photo: Ernesto Messias Inguane

Capítulo 1
Introdução

Enquanto as mudanças climáticas se tornem parte da realidade das vidas de milhões de cidadãos urbanos pelo mundo inteiro, as cidades estão a enfrentar o desafio duplo de planificar para o desenvolvimento sustentável e gerir os riscos crescentes do clima que ameaçam os meios da vida urbana. No Sul, em particular, as cidades são muito vulneráveis aos impactos do clima, devido à falta actual de infraestruturas e também aos desafios de responder com rapidez aos desastres climáticos, seja por causa da falta de coordenação ou recursos ou, simplesmente, da inexistência de instituições apropriadas.[1] Faltam as formas de planeamento em favor das camadas mais pobres e as soluções importadas das cidades do ocidente não podem ser aplicadas directamente nas cidades africanas.[2] O conhecimento científico não pode, por si só, fornece uma resposta adequada a questões de planeamento como 'o quê fazer?' e 'como fazê-lo?' Como alternativa, os planeadores urbanos recorrem a recursos diversos, inclusive o desenvolvimento das experiências anteriores na cidade, a elaboração de estudos avaliando os indicadores locais com base nas experiências em outras cidades e a experimentação de formas novas e inovadoras de resposta às mudanças climáticas na cidade.

As vulnerabilidades às mudanças climáticas são moldadas pelas condições socioeconómicas existentes dos cidadãos urbanos. A pobreza e a desigualdade exercem uma influência importante nas capacidades dos cidadãos para ganhar acesso a recursos e manter os seus meios de vida, especialmente após uma catástrofe. Todavia, os cidadãos não devem ser vistos como sujeitos passivos que 'recebem' acções de planeamento, mas sim, como actores activos e dinâmicos capazes de implementar acções

---

1   D. Dodman, J. Bicknell, & D. Satterthwaite (Eds.), 2012, *Adapting Cities to Climate Change: Understanding and Addressing the Development Challenges* (Routledge, London).

2   V. Watson, 2009, '"The planned city sweeps the poor away...": Urban planning and 21st century urbanisation' *Progress in Planning* **72**, 151–93.

para a melhoria de suas comunidades e também imaginar e definir o futuro da sua cidade[3]. Por um lado, incluir cidadãos urbanos é importante porque eles detêm conhecimentos contextuais cruciais e uma compreensão das necessidades locais que podem facilitar o processo de planeamento. Por outro lado, existe o imperativo democrático de incluir todos os cidadãos urbanos na concepção do seu próprio futuro, pela participação em acções que moldam a cidade na qual desejam morar.

Contudo, existem obstáculos claros à inclusão de cidadãos locais no processo de planeamento, especialmente os mais carentes ou os menos educados, nos olhos dos gestores da cidade. O primeiro obstáculo refere à medida que os cidadãos locais possam se engajar com informações complexas. No contexto das mudanças climáticas, isto pode significar o engajamento com as ambiguidades da modelação das mudanças climáticas e com conceitos complexos tais como riscos e incerteza. Como os residentes locais podem aceder e utilizar as informações complexas sobre as mudanças climáticas? O segundo obstáculo refere à medida que as vozes sem poder possam ser trazidas para um processo de planeamento que já foi formado pelas relações pré-existentes de poder. Como o planeamento para as mudanças climáticas pode contestar as condições que conduzem à criação das injustiças urbanas? O terceiro obstáculo refere à medida que os cidadãos locais sejam capazes de mobilizar recursos para permitir a implementação e replicação das iniciativas. Como os actores locais podem construir uma rede de apoio para realizar as suas visões? Isso requer transformações institucionais que permitiriam a geração e utilização de experiências e significados compartilhados[4].

Este livro conta a estória de uma experiência de planeamento participativo na qual engajamos com os moradores num bairro de Maputo, Moçambique, para descobrir as respostas possíveis ao nível local perante as mudanças climáticas. Foi uma experiência extremamente enriquecedora e, a partir dela, sentimos que temos lições para partilhar. A nossa esperança é que este exemplo sirva para inspirar outras iniciativas participativas que colocam o cidadão no centro do planeamento para as mudanças climáticas. Tendo em conta que as nossas lições emergem da análise crítica de apenas um caso, não estamos a oferecer orientações definitivas aos gestores das cidades ou um modelo para abordagens de planeamento participativo para a adaptação às mudanças climáticas.

---

3 D. Harvey, 2003, 'The right to the city' *International Journal of Urban and Regional Research* **27**, 939–41.

4 M. Pelling, & D. Manuel-Navarrete, 2011, 'From resilience to transformation: The adaptive cycle in two Mexican urban centers' *Ecology and Society* **16**(2) 11.

Na verdade, a nossa convicção é que os processos participativos só possam ter um impacto, se forem desenvolvidos a partir das condições contextuais nas quais os problemas das mudanças climáticas são encontrados. No entanto, experiências como esta, quando compartilhada numa maneira não triunfante, mas sim reflexiva – tratando tanto dos obstáculos como dos momentos de sucesso - podem ajudar a identificar os pontos de entrada para o planeamento participativo em outros contextos.

No primeiro lugar, a nossa audiência consiste de nossos estudantes de planeamento de desenvolvimento e estudos do ambiente. Os nossos estudantes enfrentam grandes desafios e existe uma carência de exemplos optimístas que, enquanto reflictam sobre o caminho difícil também mostram como construir oportunidades para acção. Esperamos também que nosso livro inspira os cidadãos, gestores urbanos e activistas locais que querem experimentar com a participação nas suas localidades e que procuram abrir um processo justo de planeamento para as mudanças climáticas, de baixo para cima, tal como as activistas das ONGs, as comunidades e os funcionários públicos que encontramos em Maputo. Assim, não é uma orientação para a gestão urbana mas sim inspiração na procura de alternativas. Finalmente, esperamos também alcançar os outros acadêmicos-praticantes e formuladores de políticas como nós: pessoas que insistem na praxia como a base da geração de conhecimento e experiência e que, ao mesmo tempo, acham que é uma necessidade permanente questionar as lições aprendidas. Isso relaciona-se com as fortes tradições nas nossas áreas de prática – planeamento, estudos ambientais e estudos de desenvolvimento.

Não pensamos que haja algo novo sobre a necessidade de um planeamento participativo mas sentimos um desejo de reivindicar o planeamento como um meio para combater as mudanças climáticas e para demonstrar que, para que o planeamento possa ser esse meio, deve ser participativo. Por essas razões, este livro não se concentra em debates acadêmicos mas direciona a atenção às nossas experiências e constatações num projecto de investigação-acção que tentou construir parcerias para o desenvolvimento compatível com o clima em Maputo.

1.1. Porquê fazer o planeamento participativo para as mudanças climáticas em Maputo?

O nosso projecto partiu de uma preocupação de compreender o desenvolvimento compatível com o clima nas áreas urbanas. O desenvolvimento compatível com o clima concentra-se nas intervenções de

Caixa 1 Uma definição de desenvolvimento compatível com o clima

O que é o desenvolvimento compatível com o clima?

O Desenvolvimento Compatível com o Clima (DCC) compreende estratégias de desenvolvimento que "salvaguardam o desenvolvimento diante os impactos do clima (desenvolvimento resiliente ao clima) e reduzem as emissões ou mantêm as emissões a níveis baixos sem comprometer os objectivos de desenvolvimento (desenvolvimento com emissões baixas)". Assim, o DCC é uma resposta às pessoas que vêm a adaptação às mudanças climáticas, a mitigação das mudanças climáticas e o desenvolvimento, como objectivos em competição. Num contexto urbano, o DCC refere a intervenções que salvaguardam a cidade enquanto forneçam um ambiente urbano onde todos os cidadãos possam prosperar. O DCC e planeamento para o desenvolvimento compartilham as mesmas preocupações.

Para mais informações, por favor visitar o *site* cdkn.org

desenvolvimento que visam responder aos desafios das mudanças climáticas, a curto e longo prazo (Caixa 1)[5]. Nisso, o desenvolvimento compatível com o clima na cidade precisa de abordar as aspirações de bem-estar dos cidadãos urbanos, enquanto responda às vulnerabilidades imediatas aos riscos aumentados do clima. Além disso, o desenvolvimento compatível com o clima precisa de tomar uma perspectiva de longo prazo rumo a uma sociedade sustentável - uma sociedade que ajudará a estabilizar as emissões de carbono a níveis seguros. Esta abordagem não se distingue necessariamente de uma abordagem mais geral de planeamento para as mudanças climáticas. O que distingue a noção do desenvolvimento compatível com o clima é uma tentativa de se concentrar tanto nos compromissos como nos benefícios mútuos entre os objectivos aparentemente concorrentes de desenvolvimento, mitigação e adaptação. Isso também direciona a atenção para as ligações entre a adaptação e a mitigação e como eles podiam interagir nas experiências cotidianas - uma relação

---

5   T. Mitchell, & S. Maxwell, 2010, 'Defining climate compatible development', CDKN Policy Brief. Climate & Development Knowledge Network, London. Disponível a <http://r4d.dfid.gov.uk/pdf/outputs/cdkn/cdkn-ccd-digi-master-19nov.pdf>.

largamente negligenciado na literatura da governação das mudanças climáticas.[6]

Todavia, 25 anos de debate sobre o desenvolvimento sustentável deixaram um cheiro de cepticismo académico sobre a possibilidade de alcançar soluções de ganho-duplo ou ganho-triplo sem diluir os objectivos reais de intervenções de desenvolvimento ou no meio ambiente. Em suma, os críticos temem que tentar entregar demais pode ser uma receita por não entregar nada. Uma análise comparativa de projectos de desenvolvimento compatível com o clima, por exemplo, mostrou que as condições locais de implementação determinam as possibilidades reais de alcançar os ganhos triplos ou duplos e que, em geral, as políticas que produzem mudanças físicas visíveis são mais propensas a gerar consequências inesperadas.[7] Além disso, o foco na busca de sinergias e benefícios pode realmente ser uma distracção no caminho para alcançar os objectivos mais urgentes. Até agora, existe pouca evidência empírica da possibilidade real do desenvolvimento compatível com o clima, especialmente em relação a acções para enfrentar as mudanças climáticas nas cidades. Neste projecto, encontramos na noção de desenvolvimento compatível clima um meio para promover a discussão e também um ideal teórico, que às vezes facilitou mas outras vezes constrangeu as discussões locais sobre o desenvolvimento e a adaptação.

Além disso, os diversos membros da equipe tiveram opiniões diferentes sobre o que significa desenvolvimento compatível com o clima - desde o ponto de vista institucional do parceiro do governo nacional, FUNAB, sobre o potencial de estabelecer um sistema mais sustentável de gestão de resíduos em Maputo envolvendo os moradores locais, à ênfase dos especialistas de adaptação de enfrentar os factores estruturais de vulnerabilidade em Maputo através de medidas para o desenvolvimento local. No geral, para os fins da experiência de planeamento participativo, concordamos numa conceptualização flexível de desenvolvimento compatível com o clima como um conceito orientador para planeamento para o desenvolvimento, levando em consideração informações localmente específicas de mudanças climáticas. A partir desta perspectiva, o desenvolvimento de uma estratégia para sintetizar e comunicar essas informações tornou-se um dos principais desafios do projecto.

---

6   E. L. Tompkins, & W. N. Adger, 2005, 'Defining response capacity to enhance climate change policy', *Environmental Science and Policy*, **8**, 562–71.

7   E. L. Tompkins, A. Mensah, L. King, T. K. Long, E. T. Lawson, C. W. Hutton, V. A. Hoang, C. Gordon, M. Fish, J. Dyer and N. Bood, 2013, *An Investigation of the Evidence of Benefits from Climate Compatible Development*. SRI Papers N. 44, University of Leeds.

Em Maputo, este projecto de acção-investigação foi motivado por uma necessidade percebida das instituições governamentais de encontrar formas de envolver os cidadãos locais na definição de estratégias para enfrentar as mudanças climáticas. Escolhemos o bairro de Chamanculo C para implementar a nossa abordagem, com a intenção de demonstrar um conjunto de práticas que poderiam mais tarde ser replicadas em toda a cidade. Aqui o desenvolvimento compatível com o clima emergiu ligada à melhoria da prestação de serviços aos cidadãos. Por exemplo, no início do projecto vemos que a gestão mais sustentável de resíduos sólidos iria abordar directamente as vulnerabilidades estruturais, pois os resíduos muitas vezes se acumulam nas drenagens e contribuem para o aumento dos impactos das cheias. Isto é o tipo de intervenção que é particularmente visível ao nível local, de acordo com as explicações e experiências dos moradores locais.

Contudo, tentamos evitar uma abordagem instrumental ao planeamento participativo, procurando como alternativa explorar uma tradição deliberativa de planeamento que enfatiza as prioridades e perspectivas locais.[8] Planeamento requer a criação de visões colectivas da cidade futura. Essas visões têm que ser inclusivas e reflectir as perspectivas dos cidadãos – especialmente os cidadãos desfavorecidos – que são os mais expostos às mudanças climáticas. Contudo, as visões colectivas talvez não sejam alcançadas espontaneamente. Pelo contrário, podem precisar de uma intervenção externa para guiar um processo adequado. O planeamento participativo envolve-se com métodos para a intervenção dos cidadãos no planeamento do desenvolvimento compatível com o clima, mas pressupõe que o processo de planeamento ocorre num ambiente institucional que molda e, por fim, determina os seus resultados.

O planeamento participativo é especialmente importante no contexto do desenvolvimento compatível com o clima. As mudanças climáticas são um problema complexo cujas consequências ao nível local não são totalmente compreendidas. Assim, as mudanças climáticas trazem uma outra camada de incerteza aos desafios tradicionais do desenvolvimento que emergem da existência de visões múltiplas e concorrentes sobre o que devia ser feito. As abordagens participativas serão determinantes para a realização do desenvolvimento compatível com o clima nas cidades do Sul.

Além disso, decidimos trabalhar numa área urbana pela razão da falta de evidência empírica sobre como as comunidades podem intervir nas acções de combate às mudanças climáticas. As áreas urbanas apresentam desafios específicos para a adaptação às mudanças climáticas. A principal

8   J. Forester, 1999, *The Deliberative Practitioner: Encouraging Participatory Planning Processes* (MIT Press, Cambridge Mass)

lição do estudo da adaptação às mudanças climáticas nas áreas urbanas é que os padrões de risco e vulnerabilidade são heterogéneos, tanto entre as cidades e como dentro de uma determinada cidade[9]. Envolver os moradores urbanos é um aspecto fundamental de adaptação às alterações climáticas, mas existem desafios específicos para o planeamento participativo nas áreas urbanas, que vão desde a necessidade de envolver diferentes grupos e enquadrar os eventos no processo participativo, aos sistemas de sobrevivência constrangidos pelo tempo, acesso e espaço.

1.2. A Estrutura do livro

O livro tem três partes. A primeira parte aborda a questão: "Como é que os moradores locais possam engajar com a informação complexa sobre as mudanças climáticas?" Hoje, não existem modelos precisos do clima capazes de prever como as mudanças climáticas irão se desdobrar em cada local. A 'localização' dos modelos globais do clima (também conhecidos como Modelos Gerais de Circulação) é a abordagem mais vulgar para a estimativa dos impactos das mudanças climáticas num local particular. Contudo, os gestores locais podem não ter tempo para se engajar com os complexos debates científicos e, portanto, podem ter dificuldades de trazê-los para o contexto local de participação.

A segunda parte aborda a questão: "Como é que o planeamento para as mudanças climáticas possa desafiar as condições que levam à criação de injustiças urbanas?" A nossa abordagem localiza a resiliência urbana como um produto emergente de redes, onde os cidadãos urbanos são parte integrante. Todavia, uma metodologia participativa de planeamento precisa de trazer para o primeiro plano a diversidade dos participantes nessas redes, para integrar as perspectivas dos grupos vulneráveis e minimizar os conflitos locais. O objectivo é facilitar a cooperação entre os residentes locais em prol de uma proposta colectiva para a mudança activa, dentro dos limites dos recursos e possibilidades existentes, e que considera plenamente o desenvolvimento compatível com o clima.

A terceira parte envolve-se com a questão: "Como é que os actores locais possam desenvolver uma rede de apoio para realizar as suas visões?" A nossa proposta é construir parcerias para o desenvolvimento compatível com o clima. Os grupos sociais, o governo e as empresas podem entrar em parcerias para o fornecimento sustentável dos serviços

---

9   D. Satterthwaite, S. Huq, H. Reid, M. Pelling, & P. R. Lankao, 2007, *Adapting to Climate Change in Urban Areas: The Possibilities and Constraints in Low- and Middle-Income Nations*, Human Settlement Discussion Paper Series (International Institute for Environment and Development – IIED).

urbanos. As parcerias emergem como instrumento chave para lidar com os desafios no fornecimento de serviços com baixas emissões de carbono e resilientes ao clima. A inclusão de actores privados nas iniciativas públicas pode providenciar a perícia e os recursos adicionais, necessários para completar acções que respondem às mudanças climáticas. Mais, a participação de organizações da sociedade civil e comunidades pode dar um perfil alto à questão, assim facilitando o caminho para políticas municipais e aumentando a sua legitimidade e representatividade.

As propostas neste livro não são soluções prontas que podem ser facilmente exportadas a todos os contextos. Para esclarecer, elas são apresentadas com referência a nossa experiência em Maputo e a dinâmica desse contexto. Contudo, fornecem um ponto de partida para a reflexão sobre as possibilidades de acção noutros contextos. Diante dos desafios da incerteza, a experimentação emerge como uma alternativa chave que pode levar a melhores resultados para o desenvolvimento compatível com o clima.

Capítulo 2
A Incorporação de Conhecimento sobre as Mudanças Climáticas no Planeamento Participativo

A realização do desenvolvimento compatível com o clima requer mais de que a simples incorporação da informação sobre o clima nos processos actuais de desenvolvimento. A adaptação às mudanças climáticas necessitará a construção de resiliência e flexibilidade no planeamento, através do estabelecimento de uma diversidade de redes que possam responder às mudanças imprevistas que provavelmente ocorrerão com o surgimento das mudanças climáticas[1]. A mitigação das mudanças climáticas irá requerer estratégias de desenvolvimento sustentável que adoptam uma perspectiva de longo prazo sobre os caminhos para o desenvolvimento económico que produzirão sociedades com emissões baixas de carbono. Num contexto urbano, existem conflitos múltiplos sobre as estratégias mais adequadas para alcançar a mitigação e a adaptação, e se existem conflitos entre as duas[2]. Por exemplo, as políticas conducentes à mitigação dos impactos do clima, tais como o desenvolvimento a alta densidade, podem exacerbar os riscos imediatos do clima pela exposição de mais cidadãos a ciclones e ondas de calor. Ademais, podem ocorrer outros conflitos entre as mudanças climáticas e os objectivos de desenvolvimento - por exemplo, a electrificação de um novo bairro pode levar a níveis mais altos de consumo de energia.

A questão sobre o que fazer no contexto das mudanças climáticas é complicada porque os diferentes actores podem ter opiniões diferentes sobre a natureza específica do desafio e como actuar. Isso acontece às

---

1   E. Boyd, H. Osbahr, P. J. Ericksen, E. L. Tompkins, M. C. Lemos, & F. Miller, 2008, 'Resilience and "climatizing" development: Examples and policy implications' *Development* 51, 390–6.

2   S. Davoudi, J. Crawford, A. Mehmood, 2009, *Planning for Climate Change: Strategies for Mitigation and Adaptation for Spatial Planners* (Earthscan, London).

vezes após as divergências entre os especialistas. Outras vezes, as perspectivas diferentes são moldadas pelos interesses dos diversos actores – por exemplo, sobre se as estratégias de gestão da cidade deviam concentrar na promoção de crescimento económico ou na garantia de uma boa qualidade de vida para todos os seus cidadãos. Em qualquer caso, existe uma necessidade de promover o diálogo entre todos os actores que detêm perspectivas diferentes sobre o significado das mudanças climáticas, de modo a coordenar os esforços para o desenvolvimento compatível com o clima[3].

Para que esse diálogo possa começar, é necessário apresentar a informação sobre o clima numa maneira que torna-la útil para todos os actores intervenientes. Isso não significa simplificar a informação complexa mas sim, estabelecer a sua relevância num dado contexto. O estabelecimento de relevância muitas vezes é semelhante à avaliação da experiência local e as possibilidades futuras para desenvolvimento. As experiências prévias de calamidades e exemplos de políticas ambientais bem-sucedidas ajudam a promover tanto o envolvimento como a acção do público. Assim, o primeiro desafio que essa abordagem levanta para o desenvolvimento compatível com o clima é como lidar com a informação sobre as mudanças climáticas e a vulnerabilidade, sem perder de vista os objectivos de planeamento.

2.1. A incerteza na informação sobre o clima

As estratégias de desenvolvimento compatível com o clima reconhecem a incerteza inerente no conhecimento das mudanças climáticas. Isso levanta várias questões ao mesmo tempo. A incerteza pode ser relacionada a uma falta de informação. Este aspecto é notório nas cidades africanas como Maputo, onde os dados tanto do clima como da vulnerabilidade podem ser duvidosos ou simplesmente inexistentes.

No entanto, falar de incerteza significa também perceber que a ciência não pode dar uma resposta simples aos problemas complexos[4]. Uma característica dos problemas complexos é a existência de perspectivas múltiplas sobre o mesmo problema. Essas perspectivas divergentes podem conduzir a conflitos na proposta de cursos de acção futura. Por exemplo, em Maputo a vulnerabilidade está ligada à presença de assentamentos

---

3   K. Collins, & R. Ison, 2009, 'Editorial: living with environmental change: Adaptation as social learning' *Environmental Policy and Governance* **19**, 351–7.

4   J. Van der Sluijs, 2006, 'Uncertainty, assumptions and value commitments in the knowledge base of complex environmental problems', em A. G. Pereira, S. G. Vaz, & S. Tognetti (Eds.), *Interfaces Between Science and Society* (Green Leaf Publishing, Sheffield, UK), pp. 64–81.

em zonas de alto risco e à sua falta de acesso a serviços[5]. Se estes dois aspectos são igualmente válidos, nem a relocalização da população nem o fornecimento de serviços nessas áreas resolverá a questão difícil de vulnerabilidade. Existem opiniões divergentes que são formadas pelas experiências do ambiente urbano e pelas expectativas sobre como a cidade e os cidadãos possam florescer. Algumas instituições e actores poderosos, tais como as grandes empresas, podem moldar essas opiniões de acordo com os seus próprios interesses.

Outra característica dos problemas complexos é que podem ser intrinsecamente impossíveis a conhecer. Isto é, alguns dos seus aspectos não podem ser conhecidos. Por exemplo, os modelos globais da circulação são inadequados para modelar os impactos das mudanças climáticas à escala local[6]. Além disso, há uma maior indeterminação ao considerar os climas futuros e as possibilidades múltiplas de acção sobre o clima.

Contudo, a falta de conhecimento não é, necessariamente, um obstáculo à acção. No planeamento, desde longe reconhece-se que não é possível obter um conhecimento completo no processo de chegar a acordos sobre as possíveis futuras colectivas nas zonas urbanas. Os especialistas não são capazes de fornecer uma resposta completa às questões de planeamento e muito menos a definição de caminhos para a adaptação e a mitigação. Em vez disso, muita teoria e prática de planeamento tem sido direcionado à facilitação de diálogo entre os actores múltiplos pelo que, através de deliberação, propostas concretas para acção colectiva possam emergir[7].

Isso significa adoptar uma abordagem experimental a acções de desenvolvimento compatível com o clima[8]. A tomada de acção em prol de um propósito específico necessitará a abertura e flexibilidade sobre o desdobramento da acção num dado contexto. A governação adaptativa, em particular, olha para a evolução das instituições, a fim de gerir os recursos em relação às novas exigências da sociedade e aos ecossistemas. Devido à

---

5   V. Castán Broto, B. Oballa, P. Junior, 2013, 'Governing climate change for a just city: Challenges and lessons from Maputo, Mozambique' *Local Environment* **18**, 678–704.

6   R. L. Wilby, T. Wigley, 1997, 'Downscaling general circulation model output: A review of methods and limitations' *Progress in Physical Geography* **21**, 530–48

7   P. Healey, 1997, *Collaborative Planning: Shaping Places in Fragmented Societies* (Macmillan, London); J. E. Innes, & D. E. Booher, 1999, 'Consensus building and complex adaptive systems: A framework for evaluating collaborative planning' *Journal of the American Planning Association* **65**, 412–23; J. E. Innes, & D. E. Booher, 2010, *Planning with Complexity: An Introduction to Collaborative Rationality for Public Policy* (Routledge, London and New York).

8   H. Bulkeley, & V. Castán Broto, 2013, 'Government by experiment? Global cities and the governing of climate change' *Transactions of the Institute of British Geographers* **38**, 361–75, V. Castán Broto, & H. Bulkeley, 2013, 'A survey of urban climate change experiments in 100 cities', *Global Environmental Change* **23**, 92–102.

necessidade de responder à mudança, os diferentes intervenientes institucionais podem estar em condições de fornecer respostas positivas em diferentes momentos. A experimentação para a aprendizagem é uma estratégia fundamental para a governação adaptativa que pode ser apoiada através da criação de redes e ligações entre as organizações relevantes e os grupos sociais interessados.[9]

Um aspecto chave desta abordagem seria encontrar os meios para a transferência de conhecimento sobre as mudanças climáticas entre e dentro das redes. Isso exigiria uma estratégia de comunicação do conhecimento científico que visa romper as barreiras entre a ciência e outras formas de conhecimento no desenvolvimento compatível com o clima. Em particular, o diálogo só poderia começar quando a ciência é considerada não como fonte de uma forma superior de conhecimento mas sim como fonte de percepções adicionais àquelas já possuídas pelos actores que actualmente intervêm no processo. Nisso, a ciência das mudanças climáticas deve ser abordada em relação a sua capacidade persuasiva; noutras palavras, através da questão: "que peças dessa informação mudariam o curso de acção no contexto local?"

A incorporação da informação sobre as mudanças climáticas no planeamento participativo exige que se concentra na partilha dessa informação em vez da exploração dos detalhes. Seguimos um processo iterativo de definição e refinação da mensagem, que é resumida no diagrama apresentada na Figura 1. Os passos sugeridos nesse esquema são os seguintes:

- Passo 1: Compilar as fontes mais importantes de informação
- Passo 2: Utilizar essas fontes para definir os riscos e a vulnerabilidade em relação aos objectivos da intervenção
- Passo 3: Sintetizar as mensagens chave, junto com uma avaliação das lacunas no conhecimento e de outras fontes de incerteza
- Passo 4: Elaborar os meios adequados de comunicação que podem contribuir para o planeamento participativo.

Aqui o objectivo é desenvolver mensagens chave, especificamente adaptadas, capazes de promover o debate do ponto de vista das mudanças climáticas e dar pontos de entrada para oportunidades de colaboração. Embora, para simplicidade, o esquema esteja apresentado em forma linear, é implementado necessariamente através de um processo iterativo.

---

9   Por exemplo, ver R. D. Brunner, & A. H. Lynch, 2010, *Adaptive Governance and Climate Change* (American Meteorological Society, Boston).

Figura 1
Síntese do processo de comunicação
sobre as mudanças climáticas adoptado
no projecto.

No geral, a nossa abordagem concentrou na elaboração de mensagens claras com relevância clara para o contexto local das mudanças climáticas e vulnerabilidade em Maputo e especialmente no local do estudo, o Bairro de Chamanculo C.

2.2. Compreender o conhecimento actual das mudanças climáticas no local do estudo

Já foram feitas tentativas de planear para as mudanças climáticas pela incorporação de vários grupos de interesse no desenvolvimento do conhecimento e dos cenários das mudanças climáticas[10], mas é muito provável que um projecto de planeamento não terá nem os recursos nem o tempo para gastar neste tipo de exercício. Como alternativa, o projecto pode ser limitado à utilização de dados das fontes existentes. Existem fontes múltiplas de conhecimento que podem contribuir a uma compilação dos riscos das mudanças climáticas e as vulnerabilidades a essas mudanças, por exemplo:

- As fontes que adaptam os resultados dos modelos globais do clima para a escala local.
- As fontes que integram os diferentes de tipos dados aos níveis global, regional e local, muitas vezes através de entrevistas com os especialistas e as partes interessadas chave.
- As fontes que usam indicadores para desenvolver análises numa base de comparação.

Os relatórios "Perfis das Mudanças Climáticas do País" do PNUD são fontes possíveis de dados, pois 'localizam' os resultados dos modelos globais do clima[11]. Estes perfis contêm resumos dos resultados das 'experiências de modelos climáticos' para cada país e, por isso, devem ser entendidos como simulações a ser lidas juntas com os dados específicos da região[12]. O perfil do PNUD para Moçambique[13] (resumido na Tabela 1) destaca o aumento de temperatura e a diminuição da precipitação, ambas já observadas no país. As projecções sugerem uma variabilidade geográfica e, especialmente, um aumento na percentagem de chuva que ocorre em eventos torrenciais.

A 'localização' dos modelos globais do clima não é um trabalho simples e é melhor feito com referência às estimativas correntes na escala regional. Muitos países já completaram esse processo na elaboração de

---

10   F. Berkhout, J. Hertin J, & A. Jordan, 2002, 'Socio-economic futures in climate change impact assessment: Using scenarios as "learning machines"' *Global Environmental Change* **12**, 83–95.

11   Os modelos globais do clima estão em desenvolvimento constante, não só em termos de incorporar a complexidade atmosférica e oceânica mas também em termos de facilitar a integração dos diversos modelos. O Programa Mundial de Investigação sobre o Clima (World Climate Research Programme) elaborou um protocolo experimental para recolher os resultados dos modelos desenvolvidos nos centros mais importantes de modelação em todo o mundo. Os dados são disponíveis gratuitamente para uso não-comercial (ver http://www-pcmdi.llnl.gov/new_users.php)

12   C. McSweeney, G. Lizcano, M. New, & Lu X, 2010, 'The UNDP Climate Change Country Profiles: Improving the accessibility of observed and projected climate information for studies of climate change in developing countries' *Bulletin of the American Meteorological Society* **91**, 157–66.

13   Os perfis nacionais das mudanças climáticas do PNUD estão disponíveis a: <http://www.geog.ox.ac.uk/research/climate/projects/undp-cp/>. Acessado 27 June 2015.

Tabela 1 Conhecimentos chave do Perfil das Mudanças Climáticas em Moçambique do PNUD

Tendências observadas	Temperatura	A temperatura média anual aumentou por 0,6°C entre 1960 e 2006.
		As observações diárias da temperatura mostram tendências de um aumento de dias e noites quentes em todas as épocas desde 1960.
		A frequência de dias e noites frios tem diminuído.
	Precipitação	A precipitação média anual diminuiu por uma taxa média de 2,5mm por mês.
		A proporção da chuva que cai em eventos torrenciais aumentou; os máximos anuais de precipitação em períodos de 5 dias aumentaram por 8,4mm por década.
Tendências projectadas	Temperatura	Projecta-se que a temperatura média anual aumentará por 1,0 a 2,8 °C até a década dos 2060, e por 1,4 a 4,6°C até a década dos 2090.
		A taxa prevista de aquecimento é mais rápida nas zonas interiores de Moçambique de que nas zonas próximas à costa.
		Todas as projecções indicam aumentos substanciais na frequência de dias e noites consideradas 'quentes' no clima actual.
	Precipitação	As projecções da precipitação média não indicam alterações substanciais na precipitação anual.
		Em geral, os modelos projectam consistentemente aumentos na proporção da chuva que cai nos eventos torrenciais na média anual, nos cenários de emissões mais altas, de até 15% até a década dos 2090's.

Planos Nacionais de Adaptação. Em Moçambique, o Instituto Nacional de Gestão de Calamidades (INGC) elaborou, na sua competência de gestão das calamidades, uma avaliação compreensiva dos riscos que surgirão das mudanças climáticas no país, com um capítulo dedicado às cidades costeiras do país[14]. Realizamos uma análise comparativa dos resultados da localização dos cenários pelo PNUD e o relatório do INGC. As análises concordam sobre a tendência geral (aumento de temperaturas e variabilidade de precipitação) mas a avaliação do INGC estabeleceu como essas tendências desenvolver-se-ão no contexto real, pela relação das tendências a perigos específicos como ciclones, inundações e aumento do nível do mar.

Na sua fase inicial, a análise do INGC caracteriza as forças motrizes dos impactos das mudanças climáticas e das vulnerabilidades a essas

---

14   McKinsey & Co., 2012, *Responding to Climate Change in Mozambique: Theme 3: Preparing Cities* (INGC, Maputo).

mudanças em todo o país. Colocou Maputo na lista das cidades onde as mudanças climáticas provavelmente terão a maior influência. Na sua segunda fase, elaborou recomendações práticas para a implementação e a monitoria. Na segunda fase há uma maior ênfase na identificação dos impactos chave e no desenvolvimento de uma estratégia para enfrentar as mudanças climáticas na cidade de Maputo (incluindo medidas de mitigação e adaptação). Esse trabalho mostra ressonância com a avaliação ao nível da cidade sugerida pela Iniciativa de Cidades e Mudanças Climáticas de UN-Habitat[15] (ICMC) (ver Tabela 2).

As vulnerabilidades serão ligadas a um perigo específico. Um perigo chave em Maputo é a inundação de alguns bairros suburbanos. No Chamanculo C, por exemplo, a vulnerabilidade está estreitamente ligada à pobreza e acesso a recursos, aos solos, às coberturas das construções e outras superfícies impermeáveis, à drenagem e à corte das árvores. Um factor importante na vulnerabilidade é a presença de lixo acumulado num monte acima de 5 metros de altura e circundo por habitações, o qual poderá aumentar a água a drenar e contribuir ao entupimento das drenagens e a

Tabela 2 Medidas propostas para abordar os riscos das mudanças climáticas por sector (adaptado da ICMC).

Sector	Tipos de medidas de mitigação e/ou adaptação
Infraestruturas urbanas e planeamento urbano	• Melhoramento dos sistemas de drenagem das águas pluviais • Construção de diques de protecção costeira • Implementação de planos de adaptação/ mitigação urbana
Legislação sobre habitação e construção	• Construção de habitação social sustentável • Aplicação da legislação de construção para resistência às calamidades naturais
Água, saneamento e saúde	• Melhoramento do uso e abastecimento dos recursos de água • Fornecimento de serviços básicos à população desprivilegiada das zonas urbanas • Promoção de educação sanitária
Qualidade ambiental e áreas verdes nas zonas urbanas	• Melhoramento da gestão dos resíduos sólidos • Apoio à agricultura urbana • Protecção de áreas verdes e zonas húmidas • Instalação de sistemas ecológicos de tratamento de água

15 A Iniciativa das Cidades e as Mudanças Climáticas de UN-Habitat é um projecto corrente que visa melhorar as actividades de prevenção e mitigação das cidades nos países em vias de desenvolvimento. Sob esta iniciativa, foi elaborada uma avaliação compreensiva dos impactos das mudanças climáticas e capacidade institucional em Maputo. Está disponível a CMM, UN-Habitat, Agriconsulting, 2012, 'Avaliação detalhada dos impactos resultantes dos eventos das mudanças climáticas no Município de Maputo', (UN-Habitat, Nairobi).

contaminação dos espaços habitacionais com efeitos potencialmente prejudiciais para a saúde. Após entrevistas com membros da comunidade, o relatório do consultor do INGC identificou diversos impactos das inundações no Chamanculo C relacionados aos factores de vulnerabilidade e grau de exposição (Caixa 2).

2.3. Desde a compreensão dos impactos do clima ao estabelecimento das possibilidades de acção

Ao nível da cidade, a compreensão dos perigos está ligada a uma análise das capacidades e vulnerabilidades urbanas, de modo a identificar medidas de mitigação e adaptação. O exemplo na Tabela 2 foi adaptado da ICMC do UH-Habitat mas todos os outros planos utilizaram uma abordagem semelhante.

Mudando do problema global às preocupações locais, existe uma ênfase nos riscos cujas potenciais consequências ressonam com os eventos recentes na cidade. Isso ajuda a mobilização dos actores relevantes na mediação e realização de acção sobre o clima. Na sua Iniciativa de Cidades e Mudanças Climáticas, o UN-Habitat identificou os actores com o potencial para contribuir a acções de adaptação em relação aos riscos e impactos potenciais (Caixa 3).

A maneira de apresentação das soluções na Tabela 2 limita as possibilidades a formas de planeamento que envolvem apenas um número reduzido de actores: aqueles que operam e são visíveis ao nível nacional. O município é visto apenas como um intermediário capaz de levar as acções ao nível de base e comunicar com a população local, em particular com as comunidades desprivilegiadas. Assim, nem o município nem as comunidades tem um papel central. O foco é dado às instituições do governo ao nível nacional e à elaboração de planos e programas de grande escala. Esta abordagem faz sentido no contexto de ter acesso a actual estrutura de financiamento internacional para lidar com as mudanças climáticas. Os governos nacionais, ao invés de governos locais, estão em melhor posição para usar esses recursos para enfrentar as mudanças climáticas, mesmo se as consequências dessas surgirem a nível local.

Embora essa abordagem possa ser totalmente justificada para a elaboração de Planos Nacionais de Adaptação e Mitigação – que se orientam para a estruturação de acções ao nível nacional – ao nível local pode ignorar tanto as áreas de maior risco e como as áreas de oportunidade. Em primeiro lugar, ignora a grande diversidade dos actores que podem intervir

Caixa 2 Impactos chave no Chamanculo C e outros bairros em Maputo (Adaptado de CMM et al, 2012)

- **Estagnação da água.** Mesmo após chuvas ligeiras, em muitos bairros poças profundas de água ocupam ruas inteiras por grandes distâncias. Isso impede a circulação de viaturas e peões.

- **Casas inundadas:** Nalguns casos os sedimentos transportados pelas inundações elevaram o nível das ruas. Ao longo do tempo, as casas ficam um metro ou mais abaixo do nível da rua. As casas com essas características são facilmente inundáveis. Quando a água entrar nas casas, fica estagnada durante muito tempo.

- **Os moradores não conseguem sair da casa.** Às vezes as condições acima referidas impedem os moradores de ir ao serviço ou à escola.

- **Escolas inundadas.** As ruas de acesso ou os quintais das escolas ficam inundados após chuvas curtas. Isso obriga as escolas a fechar e as crianças não vão à escola.

- **As latrinas e os poços ficam inundados.** Nalguns bairros, as latrinas ainda são o sistema principal de saneamento e poços abertos ainda estão em uso. No caso de inundações graves, as latrinas transbordam e as áreas em torno dos poços abertos ficam contaminados.

- **Problemas de saúde ligados às inundações.** Os casos de diarreias, malaria e cólera aumentam após as inundações.

- **Erosão dos solos.** No município de Maputo os solos são predominantemente arenosos, o que os torna propensos à erosão. Os sedimentos enchem as bacias hidrográficas, as drenagens e as estradas asfaltadas.

- **Mercados informais sem acesso.** Os mercados informais frequentemente ocupam as ruas não pavimentadas. As suas actividades ficam suspensas durante as inundações.

- **Perda de alimentos e bens.** A inundação das casas de rés-do-chão danifica os alimentos e bens dos moradores.

- **Perda da colheita.** Extensas actividades de agricultura urbana são desenvolvidas em Maputo. A maior parte das zonas agrícolas são susceptíveis a inundações.

Caixa 3 As partes interessadas chave para a implementação de estratégias para as mudanças climáticas em Maputo, conforme identificadas pela Iniciativa Cidades e Mudanças Climáticas em Moçambique de UN-Habitat (adaptado do Programa ICMC de UN-Habitat)

Ao nível do governo central, o Programa identificou seis departamentos e agências:

- O Ministério para a Coordenação da Acção Ambiental (MICOA), como ponto focal para a coordenação das questões relacionadas às mudanças climáticas.

- O Ministério das Obras Públicas e Habitação (MOPH), envolvido na legislação de construção, estratégias de desenvolvimento de habitação e investimentos de capital no abastecimento de água e saneamento.

- O Ministério da Administração Estatal (MAE) que inclui (a) o Instituto Nacional de Gestão das Calamidades (INGC) e (b) a Direcção Nacional de Desenvolvimento Autárquico.

- O Ministério da Ciência e Tecnologia (MCT) que faz o teste das soluções/ tecnologias inovadoras e sustentáveis para a mitigação de, e adaptação a, efeitos relacionados às mudanças climáticas.

- O Instituto Nacional de Hidrografia e Navegação (INAHINA), responsável pela implantação e manutenção de estações de medição das marés e pelos dados sobre o nível do mar.

- O Instituto Nacional de Meteorologia (INAM)

Ao nível municipal, o Conselho Municipal de Maputo (CMM) é o principal ponto focal municipal para (i) o planeamento urbano para adaptação às mudanças climáticas; (ii) a coordenação da planificação e execução de intervenções piloto; (iii) programas de formação e capacitação; e (iv) servir como intermediário para obter acesso aos beneficiários finais.

Caixa 3 (Continuação)

No sector acadêmico, a Universidade Eduardo Mondlane (UEM) está envolvida na elaboração e teste de ferramentas e métodos de adaptação /mitigação das mudanças climáticas.

Na sociedade civil e no sector privado, salvo o Fórum Económico para o Meio Ambiente (FEMA) ainda não foram claramente identificadas partes interessados importantes.

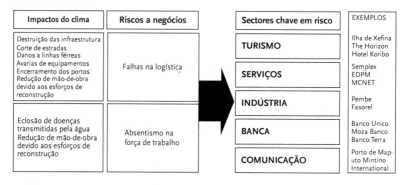

Figura 2
Riscos climáticos para Comércio em Maputo (fonte INGC).

nos sectores público, privado e terceiro. Por exemplo, a Figura 2 apresenta uma análise sobre como os riscos de ciclones e inundações em Maputo, devidos às mudanças climáticas, poderiam afectar o sector privado. A figura destaca como os impactos do clima se traduzem em dois principais riscos comerciais: 'falhas na logística' e 'absentismo na força de trabalho' em cinco sectores económicos (turismo, serviços, indústria, bancos, e transportes e comunicações). Destaca algumas empresas importantes que serão directamente afectadas por esses riscos.

Essa avaliação é importante para os investidores e as empresas multinacionais que trabalham, ou estão a contemplar trabalhar, em Maputo. Este tipo de abordagem é adequado para entender como as mudanças climáticas poderiam afectar a economia em indicadores como o crescimento do PIB. Todavia, análises desse tipo concentram num único sector ou num nível de análise. Nessa abordagem é provável que serão excluídos muitos empreendimentos ou indivíduos que operam noutros sectores ou que não operam naquele nível. Por exemplo, o absentismo na força de trabalho é um problema que ganha outra dimensão quando considerarmos as pequenas empresas, incluindo as informais, para as quais a falta de acesso aos mercados na cidade poderá significar a destruição dos seus meios de vida. As falhas logísticas são vistas de forma diferente pelos cidadãos que lidam diariamente com as estradas não alcatroadas como parte das suas actividades rotineiras. Em sumo, os riscos acima mencionados e destacados na análise, são insignificantes para a população cujo bem-estar físico e meios de vida são intrinsecamente ligados. Nas análises desse tipo, a falta da visibilidade de muitos actores económicos que trabalham em diversos sectores, desde o turismo aos serviços, conduz à falta de consideração das suas vulnerabilidades.

As possibilidades de alimentar uma forma de planeamento que se preocupa com a justiça social são impedidas pelas abordagens predominantes na gestão de cidades como Maputo, que enfatizam a competitividade e a necessidade e atrair o capital estrangeiro para o crescimento económico urbano em vez das necessidades da maioria dos cidadãos que são a base principal do crescimento da cidade. Na nossa análise das informações sobre as mudanças climáticas em Maputo, por exemplo, encontramos uma ênfase na garantia que as mudanças climáticas não afectem as empresas existentes, bem como que essas empresas possam ter acesso aos recursos existentes para lidar com as mudanças climáticas – no contexto dos crescentes recursos financeiros para a adaptação às mudanças climáticas na África.

Essa abordagem é prejudicial para a resposta às mudanças climáticas na escala local. Em primeiro lugar, a ênfase na protecção do sector privado formal desvia a atenção da necessidade de confrontar as vulnerabilidades à medida que se desdobrem no contexto local. Em Maputo, responder às necessidades dos cidadãos locais é a melhor maneira para enfrentar as vulnerabilidades perante as mudanças climáticas. Ademais, as estratégias para a protecção do comércio podem concentrar nas empresas estabelecidas com capacidades de actuar além da economia da cidade – frequentemente empresas multinacionais – sem reconhecer o significado do potencial para crescimento económico que se encontra nas empresas locais e na economia informal.

Enquanto a questão-chave neste contexto é a adaptação às mudanças climáticas, existe um argumento para avaliar os potenciais benefícios da integração destas recomendações nas agendas de redução de riscos de desastres em Maputo[16]. Por um lado, muitas lições podem emergir das experiências prévias de redução do risco de desastres. Por outro lado, prazos mais longos devem ser adoptados para desenvolver uma perspectiva eficaz de desenvolvimento compatível o clima. Os prazos mais longos podem trazer benefícios para os esforços dos profissionais de redução de risco de calamidades e para a sua capacidade de influenciar as agendas internacionais.

2.4. O envolvimento dos cidadãos em acções, através da 'co-produção' de conhecimento das mudanças climáticas

A secção anterior sugere que uma maneira de lidar com as informações complexas sobre as mudanças climáticas seria relacionar os modelos existentes ao contexto urbano onde se aplicam.

Contudo, a análise indica que uma abordagem que se concentra estreitamente nas intervenções específicas e limita os actores envolvidos ao governo central ou às grandes empresas, é susceptível a ignorar as preocupações das instituições e cidadãos locais. Mecanismos para envolver um leque maior de partes interessadas podem ajudar a responder directamente às preocupações dos cidadãos de Maputo, procurando ligações entre a sua luta pela sobrevivência e as suas potenciais vulnerabilidades.

Nesse sentido, o desenvolvimento compatível com o clima que atende as necessidades das camadas desprivilegiadas nas zonas urbanas deveria ser orientado para responder às necessidades de desenvolvimento da população vulnerável. Por exemplo, as necessidades de serviços – desde a drenagem até a educação – podem determinar a severidade dos impactos no contexto particular. O acesso aos meios de vida será crucial para desenvolver as capacidades dos cidadãos para lidar com as calamidades. Ao mesmo tempo, os cidadãos podem associar a futura urbana à sustentabilidade das opções de desenvolvimento para melhorar o seu bairro.

---

16 Para uma discussão, ver T. Mitchell, & M. van Aalst, 2008, 'Convergence of disaster risk reduction and climate change adaptation'. A review for DFID, 31 October.

Interpretar os dados climáticos requer a capacitação, tanto para entender a informação como para questionar o valor da transferência dos modelos globais do clima ao contexto local específico. Apresentar a informação sobre o clima numa maneira acessível é uma estratégia para mobilizar uma maior diversidade de cidadãos e grupos de interesse na acção sobre o clima. Por exemplo, quando os especialistas mostram claramente a relevância dos seus dados à vida diária dos moradores, e os moradores sabem identificar os factores de vulnerabilidade e os possíveis cursos de acção no seu bairro, todos estão a participar colectivamente num processo de co-produção de conhecimento.

Os moradores podem não ter a capacidade de se envolver nos problemas complexos e abstratos que aparentemente surgem em contextos distantes – tal como as mudanças climáticas. Isso é especialmente verdade quando a capacidade do cidadão de se engajar na acção ambiental está condicionada por uma massa de problemas diários e assuntos locais – tais como o despejo do lixo, a falta de drenagem e saneamento, o estado degradado das ruas e a falta de acesso aos serviços de educação e saúde. Em particular, as capacidades dos cidadãos para engajar com as mudanças climáticas podem ser constrangidas se essas forem identificadas como um problema global e abstrato[17]. Todavia, é possível estabelecer um relacionamento entre os impactos potenciais das mudanças climáticas num determinado local e as consequências para as camadas mais vulneráveis da população urbana. Neste projecto tivemos um prazo limitado para se engajar com cenários de 'localização' mas uma análise da literatura e consultas aos actores chave a nível local ajudaram-nos a fazer uma estimativa dos impactos possíveis em Chamanculo C. A possibilidade de quantificar os impactos depende da disponibilidade de dados.

No caso das cheias, conseguimos relacionar a informação sobre as mudanças climáticas com os eventos recentes de inundação[18]. Inundações e riscos urbanos estão ligados não só aos dados meteorológicos de precipitação mas também ao ordenamento do território, uso do solo, drenagem e outras questões, todas relacionadas às vulnerabilidades existentes no contexto urbano. Só nalguns casos as inundações estão ligadas directamente à precipitação; noutros casos estão mais ligadas à subida

17 K. Burningham & D. Thrush, 2003, 'Experiencing environmental inequality: The everyday concerns of disadvantaged groups' *Housing Studies* **18**, 517–36.

18 ActionAid, 2006, *Climate Change, Urban Flooding and the Rights of the Urban Poor in Africa: Key Findings from Six African Cities* (ActionAid International, London, Johannesburg).

do nível freático. Inundações também se relacionam a factores do contexto urbano mais amplo, como o desflorestamento e práticas noutras regiões. Por exemplo, o Rio Zambeze influencia Moçambique num contexto regional mais amplo, no qual Moçambique sofre da maior parte das consequências da gestão inadequada a montante. Em geral, o leque de factores que determinam as vulnerabilidades a um evento particular só pode ser entendido em relação às ligações e acções múltiplas que operam dentro e fora da cidade.

Pensar sobre a co-produção de conhecimento significa, por um lado, reconhecer o conhecimento importante detido pelas comunidades e cidadãos locais, em termos de perceber as vulnerabilidades locais às mudanças climáticas e de identificar as oportunidades de desenvolvimento sustentável. A co-produção de conhecimento emerge de um processo de aprendizagem partilhada através da deliberação iterativa na qual diferentes grupos e partes interessadas partilham as suas experiências e percepções[19]. Por outro lado, significa juntar este conhecimento às avaliações técnicas de questões das mudanças climáticas no contexto local para criar uma compreensão comum dos problemas enfrentados pela cidade. Significa também informar os usuários, proporcionando acesso a informação que pode ser entendida e usada como base de acção local. Neste processo, quem possui os recursos ou a capacidade de agir como especialista, deve reconhecer abertamente o papel jogado pelos cidadãos no planeamento para as mudanças climáticas.

As metodologias de planeamento participativo orientam-se para facilitar a co-produção de conhecimento e a acção colaborativa. Os processos de aprendizagem fazem parte integral de desenvolvimento transformativo[20]. No início, essas metodologias permitem que os profissionais se envolvam deliberadamente com as preocupações das comunidades. Contudo, durante o processo a responsabilidade deveria ser transferida para as comunidades de modo a permitir a auto-mobilização para que os cidadãos possam activamente tomar iniciativas, independentes dos instigadores ou instituições que também intervêm no desenvolvimento da cidade. Deste modo, as metodologias de planeamento participativo são capazes de desafiar as relações de poder já estabelecidas, especialmente se permitem que os cidadãos atinjam o estado de agentes de mudança e especialistas nas questões que se preocupam.

19 ISET, 2010, *The Shared Learning Dialogue: Building Stakeholder Capacity and Engagement for Resilience Action*, Climate Resilience in Concept and Practice Working Paper 1 (Boulder, Colorado).

20 T. Tanner, & A. Bahadur, 2012, *Transformation: Theory and Practice in Climate Change and Development*, in Institute of Development Studies Briefing Note (IDS, London).

2.5. Lições chave

- Os projectos de planeamento, que frequentemente faltam os recursos para a análise completa dos cenários das mudanças climáticas, podem utilizar fontes múltiplas de informação sobre as mudanças climáticas ao nível local. Estas incluem as análises que se baseiam na 'localização' dos modelos globais do clima, indicadores e estudos do clima urbano, e complementam as informações, com consultas aos especialistas.

- Os riscos das mudanças climáticas devem ser relacionados aos impactos específicos à escala urbana e aos factores de vulnerabilidade de modo a ajudar no mapeamento das oportunidades e necessidades de acção numa cidade particular.

- Um processo de co-produção de conhecimento para o desenvolvimento compatível com o clima envolve a apresentação de análises especializadas de informações sobre as mudanças climáticas, numa linguagem acessível e incorporando as percepções contextuais dos factores de vulnerabilidade e os potencias cursos de acção.

Capítulo 3
A 'co-construção' do conhecimento para o Desenvolvimento Compatível com o Clima, através do Planeamento Participativo para Acção

3.1. Introdução

Os cidadãos precisam de um leque de serviços técnicos para alcançar o desenvolvimento compatível com o clima. Precisam de organizações de gestão de risco, incluindo aquelas que quantificam os riscos e aquelas que fazem a gestão do risco. Também precisam de inovadores e instituições de apoio para implementar as soluções de desenvolvimento sustentável. Por outro lado, essas mesmas instituições precisam dos cidadãos para alcançar os seus objectivos de desenvolvimento compatível com o clima. Precisam dos cidadãos para definir os problemas chave e explicar quais soluções seriam as mais adequadas para o seu bem-estar social e económico. Também precisam de cidadãos que se envolvem com novas ideias e propostas para tornar essas em realidade. Precisam de cidadãos de modo a ganhar a legitimidade e, juntos, assegurar o futuro. Todas as instituições e cidadãos que trabalham juntos para o futuro da cidade estão envolvidos num processo de co-produção de conhecimento; isto é, um processo onde escutam e aprendem uns dos outros antes de tomar mais passos em prol de desenvolvimento compatível com o clima.

Aqui, a participação pode ser conceptualizada como uma forma activa de cidadania ou como um direito de moldar os processos de desenvolvimento, e não como um convite de actores externos para participar nestes processos.[1] Num contexto urbano, esta forma de participação - entendida

---

[1] J. Gaventa, 2004, 'Towards participatory governance: Assessing the transformative possibilities', em M. Hickey, & G. Mohan (Eds.), 2004, *Participation: From Tyranny to Transformation* (Zed Books, London), pp: 25–41.

como um direito - surge associada a ideias sobre o direito à cidade; ou seja, as múltiplas reivindicações que surgem de cidadãos que querem ter a palavra no processo de urbanização e como isso acontece, mas que talvez sejam incapazes de apresentar as suas visões dentro das configurações políticas existentes.[2] Como um lema popularizado inicialmente pelo filósofo urbano Henri Lefebvre, a ideia do direito à cidade evoca as possibilidades para os cidadãos urbanos participarem na definição de seu próprio futuro.[3] A partir de uma perspectiva baseada nos direitos, a co-produção do conhecimento deve ser um dos principais resultados dos processos de planeamento.[4]

A Elaboração Participativa de Planos de Acção (EPPA)[5] é uma metodologia que visa construir esse diálogo para a co-produção de conhecimento[6]. O seu objectivo é permitir que as comunidades possam desenvolver as habilidades para articular as suas necessidades de modo a ganhar a capacidade de influenciar políticas e processos aos níveis distrital, nacional e internacional. Isto é realizado através da criação de formas de consenso entre diversos grupos de interesse, assim possibilitando que a comunidade possa priorizar os problemas e implementar as potenciais soluções. A EPPA é uma metodologia para perceber como as relações de poder moldam as oportunidades de desenvolvimento ao nível local e, nesse contexto, criam as condições para a partilha de poder entre os cidadãos e a multiplicidade de instituições e interesses que influenciam as suas vidas. Idealmente, este exercício poderia facilitar: 1) arranjos para a partilha do poder, de modo a expandir as redes, a voz e a influência dos cidadãos; 2) mecanismos para a partilha de conhecimento e informação para a tomada de decisões sobre

---

2   D. Harvey, 2003, 'The right to the city' *International Journal of Urban and Regional Research* **27**, 939–41.

3   H. Lefebvre, 1996, 'The right to the city', em E. Kofman, & E. Lebas, (Eds.and Trans.), *Writings on Cities* (Blackwell, Oxford), pp. 147–59; ver também N. Brenner, P. Marcuse, M. Mayer (Eds.), 2011, *Cities for People, not for Profit: Critical Urban Theory and the Right to the City* (Routledge, London).

4   Para uma descrição de nossa abordagem à partcipação, baseada nos direitos, ver: V. Castan Broto, E. Boyd, & J. Ensor (2015), 'Participatory urban planning for climate change adaptation in coastal cities: Lessons from a pilot experience in Maputo, Mozambique', *Current Opinion in Environmental Sustainability* **13**, 11–18.

5   Em inglês "Participatory Action Plan Development" (PAPD)

6   Para uma descrição da EPPA num contexto rural ver R. Lewins, S. Coupe & F. Murray, 2007, *Voices from the margins: consensus building and planning with the poor in Bangladesh* (Practical Action Publishing, Rugby). A EPPA foi adaptada aos contextos peri-urbanos (ver A. Evans A & S. Varma, 2009, "Practicalities of participation in urban IWRM: Perspectives of wastewater management in two cities in Sri Lanka and Bangladesh", em *Natural Resources Forum*, 33, Wiley Online Library pp 19–28), enquanto outras abordagens participativas têm sido utilizadas recentemente em áreas urbanas, por exemplo ver ISET, 2010, *The Shared Learning Dialogue: Building Stakeholder Capacity and Engagement for Resilience Action*, Climate Resilience in Concept and Practice Working Paper 1 (Boulder, Colorado.)

Figura 3
As realizações potenciais da EPPA (adaptado de
Ensor, 2011 e Taha et al. 2010).

adaptação; e 3) oportunidades para experiências e teste de opções de adaptação (ver a Figura 3).

A EPPA funciona no sentido de criar um processo que facilita a co-construção de conhecimento. Ao nível da comunidade, isto significa reconhecer a diversidade das necessidades e perspectivas dentro da comunidade e incorporar essa diversidade no processo de planeamento. Assim, a EPPA enfatiza a construção de relações bem como os seus constrangimentos, para construir o consenso sobre certas questões. Precisa de facilitação para garantir a participação em pleno dos grupos mais vulneráveis e para promover o debate construtivo. Fora da comunidade, a EPPA requer o reconhecimento da importância de trazer os cidadãos locais como actores chaves com capacidade de análise e acção em prol do desenvolvimento compatível com o clima. A co-produção de conhecimento para o desenvolvimento compatível com o clima significa ir além da mera consulta ou da comunicação de informações sobre o clima. Significa também reconhecer a capacidade dos cidadãos locais para imaginar e trabalhar para o seu futuro.

3.2. Os Princípios da Elaboração Participativa dos Planos de Acção

O objectivo do processo da EPPA é a criação de consenso sobre as acções chave em prol do desenvolvimento compatível com o clima. A criação de consenso significa o estabelecimento de um processo de negociação para chegar ao ponto onde nenhum dos participantes têm preocupações ou objecções que se sentem suficientemente importantes para justificar o bloqueio dos desejos compartilhados pelo grupo. Este método é uma alternativa ao voto da maioria, mecanismo que poderia excluir alguns grupos sociais. Pelo contrário, a EPPA visa gerar um equilíbrio de interesses acordado entre participantes informados, habilitados e envolvidos.

O processo da EPPA é sempre realizado num determinado contexto onde os participantes têm relações pré-existentes. O processo deveria tomar medidas para reconhecer explicitamente essas relações bem como os constrangimentos à construção de consenso sobre certas questões. A EPPA baseia-se em seis actividades chave (ver em baixo) que proporcionam uma abordagem estruturada e replicável para ajudar os participantes a identificar os seus problemas comuns e as vias potenciais para a sua resolução (Tabela 3). Através desses passos a metodologia ajuda os participantes a reconhecer a diversidade da comunidade enquanto salienta as possibilidades de consenso.

Nas seis fases dá-se atenção as partes interessadas primárias e secundárias, e envolvem-se as partes interessadas primárias em todo o processo. Os interessados primários são as partes que estão ligadas directamente ao ambiente local (por exemplo, dependem dos recursos locais para os seus meios de vida) enquanto os interessados secundários são agentes e instituições que, embora não tenham necessariamente um interesse directo no problema podem ter um papel chave na sua resolução.

Um passo chave no processo da EPPA é o Passo 2 (análise e priorização dos problemas) que visa identificar os elementos comuns das preocupações e interesses dos interessados primários. Este passo é direccionado ao estabelecimento de um senso de propósito partilhado entre os membros da comunidade que talvez se identificassem anteriormente em termos de interesses concorrentes. Assim, abre o caminho para a superação das desigualdades de poder através da descoberta de relações de apoio mútuo. Os diferentes grupos de interesse são identificados no Passo 1 e colocados em grupos de trabalho separados. A intenção é fornecer a todos os grupos marginalizados (por exemplo, mulheres que não trabalham, jovens) uma plataforma para debater os interesses e prioridades partilhadas e comunicar esse debate às outras secções da comunidade. Nesta fase, a facilitação cuidadosa e especializada é necessária, especialmente quando os diversos grupos se juntam numa reunião em plenário. O facilitador deveria ter uma compreensão profunda das relações de poder que podem estar a moldar as discussões e deveria estar pronto a advogar posições minoritárias. Essa facilitação encoraja um processo partilhado de aprendizagem que visa representar os interesses de todas as secções da comunidade – não apenas dos

Tabela 3 Passos na Elaboração Participativa de Planos de Acção

Passos da EPPA	Propósito	Abordagem	Processo	Resultado
Passo 1: Preparação	Conhecer suficientemente o contexto da área do estudo	A equipe do projecto recolha informação e obtém apoio local	Análise e elaboração do perfil da comunidade	Selecção de um grupo representante
Passo 2: Recenseamento e priorização dos problemas	Iniciar um debate entre os diversos participantes sobre um leque de problemas	Os participantes debatem os problemas chave, a sua importância relativa e causas fundamentais	Os principais interessados reúnem em grupos separados e partilham as conclusões com os outros grupos em sessões plenárias	Um acordo sobre os problemas chave e a lista das prioridades
Passo 3: Recolha de informação	Aprofundar o conhecimento sobre os problemas chave através do envolvimento de interessados secundários.	Um pequeno comité da comunidade recolha a informação sobre os problemas chave.	O comité consulta os interessados primários e secundários sobre cada proposta	Compreensão mais profundo dos problemas prioritários
Passo 4: Análise das soluções	Seleccionar um número realizável de soluções e avaliá-las	De forma sistemática, o comité avalia cada opção em relação à informação recolhida.	O comité realiza a análise STEPS que olha pelas seguintes dimensões: social; técnica/ financeira; ambiental; política/ institucional; sustentabilidade.	A análise STEPS para os problemas e as soluções chave.
Passo 5: Retorno ao público	Divulgar o processo e obter retorno de uma gama grande de sectores sociais e interessados influentes.	O comité apresenta os resultados do processo (até este ponto) a uma reunião pública	A reunião abre um diálogo em relação a cada opção e também revela os condicionalismos que podem estar fora do alcance da comunidade	A criação de apoios e compreensão para além da comunidade
Passo 6: Elaborar e implementar o plano de acção	Finalizar um plano viável e conceber o caminho para implementação	O comité e outros actores da comunidade iniciam as negociações com as partes relevantes	Criação de espaços de negociação e/ou revisão técnica em reuniões dedicadas.	O plano de implementação e, talvez, algumas iniciativas implementadas

membros mais dominantes ou poderosos. A possibilidade de negligenciar os interesses dos grupos excluídos ou marginalizados na participação e no planeamento da adaptação é bem documentado[7]. As experiências da EPPA sugerem que, para construir confiança e entendimento, seria uma boa estratégia permitir tempo e espaço suficiente para reuniões formais (facilitadas) e informais (iniciadas pelos participantes) dentro e entre os grupos; contudo o papel do facilitador é crucial na mediação de diálogo construtivo[8].

No Passo 3 (a recolha de informação) ligações chave são forjadas entre as partes interessadas primárias e secundárias, as quais apoiam um processo de co-produção de conhecimento. Isso ajuda a comunidade a expandir as suas redes de modo a ganhar o apoio de actores a escalas diferentes e para assegurar que a tomada de decisão integre as perspectivas dos actores múltiplos. Em sumo, os seis passos são orientados para facilitar tanto a partilha como a co-produção de conhecimento dentro de um leque amplo de actores. A construção do consenso em torno de uma questão de importância para a comunidade pode servir de estratégia para formar novas relações institucionais e sociais e, crucialmente, incorporar os cidadãos nos processos de tomada de decisão.

Como incorporar a informação sobre as mudanças climáticas no processo da EPPA dependerá de vários factores: 1) da mensagem sobre as mudanças climáticas no contexto particular; 2) da medida em que as partes dessa mensagem constituem um ponto de entrada para a discussão das preocupações da comunidade; e 3) dos possíveis efeitos negativos da divulgação de informação à população. No caso do Chamanculo C em Maputo, a mensagem está clara: as mudanças climáticas irão provavelmente trazer uma maior frequência de eventos inesperados, e a inundação é o aspecto chave que se relaciona não só as experiências prévias de calamidades no bairro mas também se mantem como uma preocupação maior para os residentes locais. Devido ao interesse dos diversos actores no problema das inundações, este assunto serve como ponto de entrada para iniciar o debate sobre o desenvolvimento compatível com o clima no bairro. Ao invés, a subida do nível do mar é um assunto menos preocupante numa área longe das zonas costeiras de Maputo que são mais expostas; assim decidimos não levantar essa questão que podia despertar preocupações desnecessárias no seio dos moradores locais.

---

7   B. Cooke, & U. Kothari, 2002, 'The Case for Participation as Tyranny', em *Participation: the New Tyranny?* Ed. B. Cooke, & U. Kothari (Zed Books, London) pp. 1–15; J. S. Yates, 2012, 'Uneven interventions and the scalar politics of governing livelihood adaptation in rural Nepal' *Global Environmental Change* **22**, 537–46.

8   Lewins et al., *supra* n. 6.

3.3. Os seis passos para a EPPA

Conforme acima explicado (Tabela 3) a EPPA segue seis passos, de modo a organizar o processo através de uma abordagem estruturada que pode ser replicada e ajustada a contextos diferentes. Nesta secção examinamos cada passo em pormenor para avaliar os aspectos práticos e as dificuldades na sua realização, com base da experiência do Plano Participativo de Adaptação elaborado pelos moradores do Quarteirão 16A do Bairro de Chamanculo C na cidade de Maputo.

Passo 1: Preparação

Durante esta fase a equipa do projecto deveria ganhar o conhecimento suficiente do contexto para seleccionar um grupo representante com a comunidade. A equipa deveria procurar o apoio da comunidade e de outras partes interessadas, bem como das entidades que podem controlar os fluxos de informação relevantes ao processo. Isso ajuda na elaboração de um perfil da comunidade e na identificação dos diferentes grupos sociais (por exemplo: mulheres, elites, pessoas sem terra) e os diferentes tipos de uso do solo e bases de sobrevivência (e.g. vendedores informais, moradores de casa precárias, comerciantes). Na prática, a preparação concentrou-se em três áreas:

i. Identificação das questões principais para discussão e selecção da comunidade onde seria realizada a EPPA

ii. Discernimento das diferenças dentro da comunidade – identificação dos grupos sociais

iii. Selecção e formação dos facilitadores

i) Identificação das questões principais para discussão e selecção
da comunidade onde seria realizada a EPPA
Ao nível geral, a localização geográfica das questões relacionadas às mudanças climáticas e das comunidades que precisam de planos de adaptação pode ser identificada a partir de estudos e dados à escala ampla. Contudo, a identificação dos problemas mais prementes relacionados com o clima ao nível local e a selecção de comunidades idóneas para as actividades de planeamento participativo precisam de conhecimento mais pormenorizado e aconselhamento ao nível local. A identificação dos problemas e a selecção da comunidade são estreitamente interligadas.

As constatações da análise dos dados sobre as mudanças climáticas foram complementadas por conversas com o governo local e ONGs sobre as políticas de planeamento e desenvolvimento existentes e os projectos em curso. Dado que a EPPA é uma ferramenta concebida para trabalhos de escala local, com pequenas comunidades e com poucos recursos, muitas vezes seria útil trabalhar numa área onde está em curso um outro projecto (desde que esse projeto não traja grandes transtornos para as comunidades envolvidas). Parcerias informais ou formais com projectos existentes podem dar acesso a dados pormenorizados sobre aspectos físicos e socioeconómicos, conhecimentos locais profundos e também oportunidades para sinergias tais como a partilha de recursos, actividades e constatações (Caixa 4).

Caixa 4 A selecção do problemático e da comunidade para a EPPA

Com base da análise dos documentos chave sobre as mudanças climáticas (ver Secção 2.3), identificou-se o problema das inundações nos bairros densamente povoados e não ordenados como a questão mais importante para um plano de adaptação.

Entre as zonas mais afectados pelas enchentes está Chamanculo C, um bairro antigo numa zona baixa. É um bairro grande com 26.000 habitantes, localizado ao sul do aeroporto. O Município de Maputo está actualmente a implementar um projecto integrado de requalificação física e socioeconómica, financiado pelos governos do Brasil e Itália e a Aliança das Cidades. O Banco Mundial pretende apoiar a requalificação do bairro, através do Município, pelo investimento de US$ 0.54 milhão entre Setembro de 2011 e Dezembro de 2014.

No Chamanculo C, o projecto de investigação-acção para a EPPA conseguiu estabelecer uma parceria com a ONG italiana, a Fundação AVSI, que estava a implementar a componente social do projecto de requalificação. A AVSI proporcionou facilitadores experientes e fluentes na língua local, bem como informações e conhecimentos locais de grande valor que nos ajudaram a seleccionar uma comunidade específica no bairro. A AVSI tinha realizado um inquérito sobre as condições sociodemográficas e das infraestruturas do bairro, que serviu como base para o mapeamento das comunidades, em consulta com as partes interessadas chave. O inquérito forneceu dados actualizados sobre a população, condições de vida e questões sociais e económicas, ao nível local. Ademais, as propostas do Plano Participativo de Adaptação poderiam alimentar o processo de planeamento físico do projecto de requalificação.

Em Maputo, cada bairro é subdividido em blocos de 50 a 100 casas, chamados 'quarteirões' (ver Caixa 5) e cada quarteirão é dividido em 'sub-blocos' de cerca de 10 agregados familiares. Os critérios para a selecção do quarteirão específico onde se realizou a EPPA eram:

- A vulnerabilidade aos riscos existentes relacionados ao clima, bem como aos impactos previstos das mudanças climáticas: se uma comunidade já sofre de problemas relacionados com o clima, tais como inundações ou ciclones, os moradores podem mais facilmente imaginar e falar sobre os impactos previstos no futuro.

- A liderança eficaz ao nível local para assegurar apoio para o projecto e mobilizar a participação da comunidade, normalmente através do Chefe do Quarteirão (ver Caixa 5).

- A ausência de outros projectos ou actividades na vizinhança que poderiam dominar as conversas com a comunidade ou distrair os participantes das questões relacionadas com o clima.

Antes de fazer a selecção final, é aconselhável identificar uma lista curta de dois ou três comunidades potenciais e visitá-las para observar as

---

Caixa 5 A organização comunitária nas zonas urbanas de Moçambique

Em todo o país, as áreas urbanas são divididas em bairros, quarteirões (cerca de 50 casas) e grupos de 10 famílias. A cada nível existem 'chefes'.

O Bairro é liderado por um Secretário que designa o Chefe do Quarteirão de entre os moradores que têm boas relações com a popu-lação. O chefe do quarteirão é responsável pela mobilização da popu-lação, por exemplo nas campanhas de vacinação e saúde pública e intervenções afins. O chefe é também responsável pela manutenção da limpeza no quarteirão, bem como tarefas administrativas como a emissão de declarações de residência, e tarefas sociais como a reso-lução de conflitos. O secretário do bairro e, a certa medida, o chefe do quarteirão também têm tarefas políticas.

Existem também 'chefes de 10 famílias', que operam sob o chefe do quarteirão, com tarefas de tentar resolver conflitos entre vizinhos e dar apoio moral aos vizinhos em tempos difíceis, por exemplo, no caso de falecimento.

---

condições físicas e conversar com os chefes do quarteirão sobre o processo da EPPA, de modo a determinar o quarteirão mais apropriado.

Durante o processo de selecção da comunidade, a equipa tem que obter o aval do governo local (município) e explicar o processo e os critérios de selecção ao secretário do bairro, para que ele pudesse dar apoio na selecção. Estritamente, também é necessário obter uma credencial do município (fora dos municípios, do governo do distrito) para trabalhar num local específico.

ii) Entender as diferenças dentro da comunidade – identificação dos grupos sociais

O processo da EPPA reconhece que existe uma grande diversidade de grupos de interesse com interesses distintos em relação a qualquer questão específica, incluindo os impactos previstos das mudanças climáticas. Portanto, o processo procura envolver plenamente todos os grupos.

Assim, uma vez seleccionada a comunidade ou a localidade, a próxima tarefa é identificar os diferentes grupos da comunidade que deverão ser envolvidos. Numa área com uma mistura de usos do solo, os grupos incluirão as indústrias e os comerciantes bem como os grupos sociais que vivem na zona.

Nesse passo, procuramos definir quatro ou cinco diferentes grupos sociais dentro da comunidade, tendo em consideração:

- A inclusão/exclusão na tomada de decisão: não só para encontrar os grupos vulneráveis mas também para entender a distribuição de poder dentro da comunidade;
- Os riscos e os impactos diferenciados das mudanças climáticas.

Na identificação desses grupos, o objectivo é o de captar as diferentes perspectivas sobre um problema comum que existe dentro da comunidade. Por isso, é importante relacionar os grupos com os diversos pontos de vista sobre a cidade, capacidades de acção, relações sociais e acesso aos recursos e serviços dentro da comunidade. Possíveis critérios para a identificação e diferenciação dos grupos seriam: género, idade, base de sobrevivência (por exemplo: vendedores nos mercados, vendedores em casa, trabalhadores no sector formal), o grau de vulnerabilidade pela condição física (idosos, inválidos), o grau de vulnerabilidade pelas condições económicas, proprietários das casas ou inquilinos, e diferenças culturais. Cada critério estará ligado a interesses específicos e assim a gama de grupos pode ser heterogênea, em relação aos diferentes interesses que surgem no seio da comunidade.

Na nossa comunidade, por exemplo, uma diversidade de grupos foram definidos em relação a critérios de sexo, idade e local das suas atividades económicas. Da nossa experiência prévia e da experiência do pessoal da AVSI, aprendemos que as mulheres na cidade de Maputo são dispostas a participar, tem muitos papéis e interesses diferentes, e são aceites como participantes em grupos mistos. Por isso decidimos que não seria apropriado ter um 'grupo de mulheres' pois assim a sua participação ficaria reduzida. Todavia, os idosos e os jovens são frequentemente marginalizados e não são selecionados em outros grupos de interesse; assim sentimos a necessidade de ter um grupo para idosos e um grupo para jovens (Caixa 6).

Para definir os grupos utilizamos os dados do censo e os dados dos inquéritos, em consulta com as lideranças e instituições locais (por exemplo, o chefe do quarteirão, líderes informais, projectos locais e organizações de base comunitária já existentes). Uma discussão informal com vários representantes locais ajudou na identificação dos grupos. No nosso projecto, fizemos isso ao longo de um passeio pela zona com o Chefe do

---

Caixa 6 Grupos sociais identificados no Quarteirão 16A do Bairro de Chamanculo C.

- **G1: Trabalhadores fora do bairro** — Homens e mulheres com idade de cerca de 25 a 50 anos que trabalham nos sectores formais ou informais fora do bairro de Chamanculo C. Os membros deste grupo incluíram guardas, empregados domésticos e vendedores informais nos mercados principais da cidade.

- **G2: Jovens** — Homens e mulheres jovens, com idade de 15–25 anos, podendo ser estudantes, trabalhadores ou a procura de trabalho.

- **G3: Vendedores no quarteirão** — Principalmente mulheres com bancas em frente da sua casa, ou com outros tipos de negócio informal em casa.

- **G4: Idosos** — Homens e mulheres com mais de 50 anos, na sua maioria não economicamente activa nem a procura de trabalho.

- **G5: Donas de casa** — Mulheres que tomam conta das suas famílias e não têm actividade económica fora da casa. As mulheres deste grupo estão muitas vezes muito activas na comunidade, por exemplo em actividades ligadas às igrejas.

Quarteirão e outros representantes locais, no qual observamos as casas e condições de vida e instigamos encontros informais com alguns moradores de modo a avaliar o seu interesse no projecto. Isso não só ajudou na identificação dos grupos mas encorajou a participação nas fases posteriores da EPPA.

Inevitavelmente existe também uma diversidade de opiniões dentro dos grupos. Para diminuir a diversidade, cada grupo poderia ser progressivamente reduzida; no entanto numa perspectiva prática, há uma necessidade de exercer juízo sobre o grau de homogeneidade necessário num grupo. O factor importante era captar as diferentes perspectivas da comunidade sobre um problema comum (inundação), reconhecendo que diferenças vão surgir dentro de discussões dos grupos.

Procuramos alcançar a meta de representação de 10% dos agregados familiares da comunidade através dos grupos. Isso significou que precisamos pelo menos 3 pessoas em cada grupo (de agregados familiares diferentes), mas os grupos finais tinham muito mais e a participação flutuou ao longo do processo.

iii) Selecção e formação dos facilitadores

Dentro da EPPA precisamos de facilitadores com experiência na facilitação de reuniões, debates e conversas que também sabem plenamente a língua e os costumes locais. Assim esse papel é distinto do Facilitador Geral do Projecto, que teria que considerar a questão das mudanças climáticas à escala da cidade e promover e facilitar parcerias, conforme explicado abaixo (ver Secção 4.2). Em vez disso, os facilitadores da EPPA precisam de prestar atenção às peculiaridades do contexto no qual ocorrem os debates sobre o desenvolvimento compatível com o clima.

Embora os facilitadores tivessem muita experiência, foram dados um breve programa de formação pela equipa do projecto, o qual inclui os seguintes componentes:

- **Apresentação do projecto:** numa sessão inicial foram explicados os objectivos do projecto, a metodologia, a razão pela selecção da comunidade e da questão específica (inundações) e o cronograma previsto do projecto. A discussão forneceu oportunidades para refinar os objectivos no contexto específico da comunidade e adaptar alguns aspectos da metodologia às condições de trabalho.

- **Orientações para as reuniões da comunidade e as conversas dos grupos:** Os facilitadores foram dados uma breve introdução, por escrito, do projecto e da metodologia, que utilizaram na apresentação do projecto aos reuniões dos grupos.

- **Ensaios de uma reunião da comunidade e uma reunião do grupo:** No ensaio os formandos tomaram os papéis de membros da comunidade como método de ensino e aprendizagem (Caixa 7). Este exercício é muito importante porque revela como os problemas e conflitos possam surgir na prática e assim é melhor de que uma simples explicação. Proporciona aos facilitadores experiências preliminares de como o processo poderia decorrer e como eles poderiam tomar iniciativas para modificar a situação. O ensaio pode também ajudar a tomada de decisões sobre aspectos práticos do processo participativo; por exemplo: se seria suficiente um facilitador por grupo ou se seriam necessários dois. Decidimos que seria mais eficaz alocar dois facilitadores por grupo – um para facilitar e o outro para lidar com o gravador de voz e tomar apontamentos no papel gigante.

Como os facilitadores já conheciam a comunidade seleccionada, eles podiam contribuir na identificação dos grupos sociais como parte da sua formação. Também sugeriram ideias úteis para encorajar a participação dos residentes nos grupos e na elaboração do plano. Por exemplo: uma estratégia excelente sugerida para atrair participantes foi o fornecimento de materiais tais como canetas e blocos que podiam usar não só nas reuniões mas também em outras actividades.

Caixa 7 O ensaio no Bairro de Chamanculo C

O ensaio mostrou se muito útil para esclarecer questões que inicialmente não foram entendidas pelos facilitadores. O formando Júlio tomou o papel do facilitador e os outros tomaram papéis de jovens numa reunião do grupo – eles jogaram papéis que podiam realisticamente emergir no contexto particular e decidiram representar um grupo muito difícil que desafiou os objectivos e o pessoal do projecto. Assim foram demonstradas as dificuldades de gerir um grupo e as possibilidades de criar relações antagónicas no processo, as quais o facilitador tem que manejar cuidadosamente para evitar excluir algumas perspectivas de valor, enquanto trabalhar para chegar ao consenso. O ensaio também levantou questões importantes em relação a como as informações sobre as mudanças climáticas deveriam se apresentadas nas reuniões, por exemplo: através de conversas iluminantes sobre as experiências de enchentes no passado.

Passo 2: A definição dos problemas pela comunidade

Nesta etapa, os facilitadores promovem debates dentro dos grupos sobre os meios de vida e os problemas ligados ao meio ambiente/ recursos naturais da zona (incluindo os desafios do uso do solo no contexto das mudanças ambientais – inundações, estiagem, etc.) para melhorar a sensibilidade sobre essas questões, as suas causas fundamentais e como afectam os diferentes grupos. O facilitador deve ajudar os participantes a identificar que problemas são os mais mencionados e a agrupá-los por temas. É preciso chegar a um acordo sobre cerca de três problemas prioritários que serão debatidos em maior pormenor, mais um número limitado de outras questões de alta prioridade que podiam ser tratados imediatamente ('ganhos rápidos'). Para manter o foco do debate e avançar para soluções potenciais, uma análise de causas e efeitos pode ser realizada, registando em forma de tabela as causas, os impactos, os grupos afectados e as soluções potenciais para cada problema (ver Tabela 4).

Para iniciar esses debates a primeira acção foi a realização de uma reunião pública ao nível da comunidade para apresentar o projecto ao público em geral e angariar apoio e interesse no seio dos cidadãos locais. Essa reunião foi seguida por sessões de conversa de cada grupo em separado (conforme acima definidos), lideradas pelos facilitadores. Nesta etapa a abordagem é de encorajar contribuições de cada grupo de interesse e depois debater em plenário a importância relativa e as causas originais de problemas específicos. Nessas sessões em primeiro lugar é necessário criar a confiança dos participantes sobre a importância dos seus conhecimentos ganhos através da sua experiência da vida no bairro. Depois, é preciso promover o entendimento sobre como estes conhecimentos se relacionam com os riscos das mudanças climáticas e as oportunidades para desenvolvimento sustentável. Para criar a confiança e entendimento

Tabela 4 Matriz genérica de causas e efeitos

Grupo X	Hoje	Cenário alternativo
Causas	Preencher	Deixar em branco
Impactos (1) Quantificar a intensidade e frequência das inundações (2) Consequências	Preencher	(1) Dupla intensidade mas menos chuva no total (2) Preencher as consequências
Grupos afectados	Preencher	Preencher
O que pode ser feito? Pensamento livre– **não** estamos a procurar identificar obstáculos	Preencher	Preencher

adopta-se a técnica de destacar e apreciar as intervenções construtivas nas conversas.

De modo a integrar o assunto das mudanças climáticas nos debates, a equipa do projecto sugeriu que os workshops seguissem uma abordagem de duas iterações. A primeira iteração concentra nos problemas actuais. A segunda faz uso de vários cenários de mudanças climáticas para elaborar interpretações locais dos potenciais impactos do clima. Essa segunda iteração pode basear-se na primeira, para estabelecer uma priorização que incorpora os cenários futuros.

O censo dos problemas e a sua priorização inicial nos grupos separados é mais tarde partilhado num encontro de todos os grupos em plenário. Aqui o debate conduz à constituição de um Comité de Planificação para o Clima, cuja responsabilidade geral é pôr as propostas em prática.

i) Reunião pública para apresentação do projecto e angariar apoio
Esta reunião foi convocada pelo Chefe do Quarteirão e foram convidados todos os membros da comunidade. A hora e o local da reunião foram definidos para encorajar a máxima participação. Refrescos e água foram disponibilizados para todos os participantes.

Em todas os encontros registamos os nomes e contactos de todos os participantes e gravamos toda a reunião por gravador de voz. Realizamos as reuniões na língua local para assegurar que todos os participantes entendessem as contribuições. Quando necessário, foi feito a tradução em português. As gravações dos encontros foram transcritas em português e depois traduzidas para inglês (para a equipa de investigadores no exterior).

Na reunião pública, um facilitador apresentou o projecto à comunidade e estendeu um convite a todos para participar na elaboração do plano participativo de adaptação às mudanças climáticas. A reunião teve a seguinte agenda:

1. Apresentação do projecto pelo facilitador, e perguntas e respostas pela equipa do projecto.

2. Afirmação dos grupos sociais que foram previamente identificados e constituição dos grupos pela chamada de voluntários interessados (incluindo o registo dos nomes e número de telefone de contacto).

3. Definição de datas e horas para as reuniões dos grupos, à conveniência dos membros dos grupos de modo a promover a máxima participação.

A reunião representou uma oportunidade para observar as reacções dos participantes. Essas reacções mostraram o grau de interesse no

Caixa 8 A formação dos grupos no Quarteirão 16A, Bairro de Chamanculo C.

Todos os participantes na reunião do Quarteirão se inscreveram num grupo apropriado – e isso mostrou-nos que existiam uma lacuna nos grupos pois não havia um grupo para homens adultos que não trabalhavam! Mas apenas um homem estava nessa categoria e ele decidiu juntar-se ao grupo dos idosos que incluiu também outros homens não-trabalhadores. Este processo mostrou que a formação dos grupos deve ser feita com flexibilidade, pois a definição dos grupos não pode ser um determinante que exclui alguns sectores.

Durante a reunião, os residentes mostraram-se entusiasmados e não levantaram reivindicações ou preocupações. Definiram Sábado de manhã como altura mais conveniente para as reuniões subsequentes.

Inicialmente estabelecemos que grupos com mais de oito pessoas teriam que ser repartidos em dois. Assim, os grupos inicialmente constituídos eram grandes demais. Contudo, decidimos mantê-los no pressuposto que nem todos os membros estariam disponíveis para participar em todos os encontros planificados. Na prática, os primeiros encontros dos grupos – que são os mais difíceis a gerir – todos tinham entre quatro e oito participantes.

projeto e também ajudaram os facilitadores a identificar as questões que poderiam surgir durante os debates nos grupos. Várias questões práticas relacionadas com os grupos e as preocupações da comunidade também poderiam tornar-se explícitas numa reunião deste tipo (Caixa 8).

ii) Os grupos se reúnem para sessões facilitadas (workshops) de 1-2 horas
No início de cada reunião estabeleceram-se os procedimentos para registar os nomes e contactos dos presentes. Contudo, esses registos mantiveram-se confidenciais e foram usados apenas para analisar a participação. As conversas nos grupos foram conduzidas na língua local pois é a mais falada e mais entendida pelos participantes. Os debates começaram com uma reafirmação dos objectivos do projecto e uma explicação sobre a necessidade de gravar a sessão para garantir que todos os comentários de todos os participantes fossem registados com precisão. Tal como no processo de alcançar o consentimento informado na investigação social, foram tomadas

medidas para assegurar que que os participantes participassem livremente e que se sentissem livres para se retiraram do encontro em qualquer momento.

As conversas dos grupos concentraram na compreensão das perspectivas dos membros sobre:

- o problema específico identificado em relação ao desenvolvimento compatível com o clima (neste caso, inundações), e
- as potenciais soluções ou formas de lidar com o problema.

Em vez de enfatizar as mudanças climáticas, o desenvolvimento sustentável ou as inundações como os problemas mais importantes na conversa, os facilitadores encorajaram os participantes a explicar as suas perspectivas em termos do seu entendimento dos problemas enfrentados pela comunidade. Por exemplo, em relação às inundações, os grupos conversaram primeiro sobre as suas experiências e como essas poderiam alterar se as inundações se tornarem mais frequentes ou maiores.

Uma matriz de análise de causa e efeito foi elaborada por cada grupo para documentar o processo da sua conversa e, especificamente, as causas, impactos, grupos afectados e as soluções potenciais identificadas pelo grupo em relação às inundações e outros problemas da comunidade. A análise de cada grupo foi registada num papel gigante (em português mas com uma tradução oral para as pessoas não sabiam português) para subsidiar a apresentação da sua conversa aos outros grupos no encontro em plenário (ver Tabela 4).

Usando este processo os grupos investigaram as percepções actuais sobre o problema e como essas poderiam alterar nas condições mais extremas previstas sob as mudanças climáticas. Os facilitadores também salientaram que as informações correntes das mudanças climáticas não são definitivas e que a análise dos cenários, tal como realizada nos grupos, não pode prever as condições futuras no bairro.

A experiência de Chamanculo C sugere que pelo menos dois encontros iterativos dos grupos em separado são necessários para completar a análise. No primeiro encontro, o facilitador conduziu as conversas de acordo com a estrutura na tabela mas permitiu a conversa a fluir sem a distração de olhar para alguém a escrever no papel gigante. Antes do segundo encontro, a gravação do primeiro encontro foi transcrita, e o facilitador resumiu a análise já feita num papel gigante. Isto estimulou mais debate e análise no segundo encontro. Durante o período entre os dois encontros os participantes podiam reflectir sobre as suas próprias ideias e percepções; muitos reverem as suas ideais e contribuíram com mais informações no segundo encontro.

O papel gigante fornece uma oportunidade de estabelecer a posição do grupo, pela síntese do debate e também porque proporciona a cada participante a oportunidade de afirmar ou discordar com as opiniões enquanto documentadas por escrito. A matriz escrita permite a formalização da posição compartilhada. Se não existe consenso no grupo, as perspectivas divergentes também deveriam ser captadas durante o processo de documentação. Por fim, o grupo deveria reafirmar o seu compromisso à posição registada e apresentá-la ao plenário (ver o exemplo na Tabela 5). Quando o processo de documentação já está finalizado pelo grupo, é uma boa altura para avançar à eleição do(s) representante(s) do grupo no Comité de Planificação para o Clima (CPC).

iii) Cada grupo apresenta as suas constatações à reunião de todos os grupos em plenário

Uma vez que todos os grupos cheguem ao consenso sobre as suas constatações, realiza-se uma reunião plenária para os grupos partilharem as suas posições. É preciso pensar cuidadosamente sobre o local e a hora dessa reunião, pois devem ser convenientes para os diversos participantes, cujas actividades sociais e económicas talvez sigam dinâmicas diferentes. Nessa reunião, a gravação, o registo, a língua de comunicação e a participação voluntária seguem os mesmos protocolos como nos encontros dos grupos em separado.

A reunião em plenária tem propósito triplo: a) apresentar os resultados dos encontros de cada grupo em separado, usando as informações registadas nos papéis gigantes e acordadas pelos grupos (consciencialização e apreciação dos interesses divergentes); b) resumir os debates, através de um acordo sobre um 'cesto' de propostas que forma a base do Plano Participativo de Adaptação; e c) eleger o Comité de Planificação do Clima (CPC) que devia incluir um membro de cada grupo.

Em princípio, cada grupo devia apresentar os resultados das suas próprias conversas. Contudo, em Chamanculo C alguns grupos (tais como os idosos) foram limitados por causa da sua baixa escolarização e sua dificuldade de falar português. Nestes casos, outros actores (os jovens) entraram para apresentar os resumos escritos no papel gigante, em português e na língua local, dando oportunidades aos membros dos grupos desprivilegiados a intervir, se se sentirem a necessidade de esclarecer, corrigir ou acrescentar algo.

A seguir as apresentações dos grupos houve um debate facilitado com o objectivo de alcançar um consenso geral sobre o 'cesto' de soluções. O cesto devia conter pelo menos o número mínimo de soluções para reflectir as preocupações e ideias de todos os grupos e assim dar benefícios

Tabela 5 Quarteirão 16A, Chamanculo C – Matriz da Conversa do Grupo

Grupo 2: Jovens	Hoje	Cenário alternativo
Causas	• Para além da chuva: ❖ As pessoas tiram a água das suas casas/ quintais para a estrada. ❖ Rompimento dos tubos de água canalizada (clandestinas e legais) – pior que a chuva, pois acontece todos os dias. • As casas são muito apertadas e desordenadas, sem espaço para a água escoar. • Não há sistemas de drenagem • Os moradores contribuem, deitam tudo na drenagem: lixo, pedras, água suja com restos de comida, etc. • Drenagem mal construída • Recolha deficiente de lixo: os contentores transbordam, o lixo vai para a drenagem. • O solo já não consegue absorver a água	
Impactos		
Quantificar a intensidade e a frequência das inundações	Dezembro a Fevereiro	• Intensidade o dobro mas menos chuva no total
Consequências	• Estradas e becos inundados, dificulta a circulação de peões e viaturas • A água não seca, fica estagnada • Mosquitos • As crianças brincam nas águas e apanham doenças • Há conflitos entre vizinhos no tempo chuvoso • As águas sujas deitadas nas ruas não secam porque todos os dias mais água é deitada. • As fugas de água dos tubos de canalização da água só secam quando os tubos forem reparados.	• A mesma coisa, mas pior, e mais • Fim do Chamanculo (catástrofe)
Grupos afectados	• Trabalhadores e estudantes, e comerciantes que têm bancas na rua. • Mas também idosos, todos os grupos	• Trabalhadores e estudantes • Idosos
O que poderia ser feita (para prevenir, reduzir, aliviar)?	• Reabilitar as drenagens existentes • Construção de drenagens e melhoramento das ruas (mesmo se algumas pessoas têm que sair do bairro) • Fazer limpeza das drenagens, apelar aos moradores que não deitem lixo. • Melhorar o sistema de recolha de lixo	• Melhorar a construção das drenagens • Retirar algumas famílias que vivem nas zonas baixas • Criar uma espécie de valas nas zonas baixas.

Caixa 9 A lista das propostas debatidas na reunião plenária

1. *Reabilitar as drenagens (Grupo 1, Grupo 2)*

2. *Limpar periodicamente as drenagens pelos moradores/ melhor organização dos moradores para lidar com as águas/ colaboração entre quarteirões (G1, G5)*

3. *Construir novas drenagens maiores e nivelamento das ruas – mesmo se algumas famílias terão que sair (G2, G3, G4, G5)*

4. *Colocar sacos de areia, pedras e blocos nas entradas (G5) – G4 disse 'não' - reprovado*

5. *Melhorar a recolha de lixo (G1, G2)*

6. *Educar, sensibilizar e controlar os moradores para não deitarem lixo (nas drenagens, ruas, etc.) (G2, G3)*

7. *Deitar entulho, movimentar a terra para escoar a água (G3, G5)*

8. *Abrir covas nos quintais para a drenagem das águas (de chuva e águas sujas?) (G3, G5) - G4 disse 'não' - reprovado*

9. *Organizar melhor os moradores (igual a Nº 2) - retirado*

10. *Construir blocos sanitários (G1)*

11. *Remover as pessoas para outro sítio fora do Chamanculo (G3) - reprovado*

12. *Reassentar as famílias que vivem nas zonas baixas (G3) - reprovado*

a todos; isto é, que nenhum grupo fique prejudicado por qualquer solução proposta e que todos ganhem benefícios de pelo menos uma solução proposta (Caixa 9).

Para promover a discussão, os facilitadores acharam útil elaborar de antemão uma lista resumida (num papel gigante) de todas as soluções propostas por todos os grupos, agrupadas por temas e identificando o(s) grupo(s) que fizeram cada proposta. Isto ajudou-os a identificar todas as propostas e a assegurar que todos os grupos foram representados. Foi relativamente fácil chegar a um acordo sobre um 'cesto' de propostas devido aos debates anteriores e as redes já estabelecidas através da facilitação.

Uma vez acordado o cesto de soluções, os participantes no plenário elegeram os membros do CPC, com um representante de cada grupo.

Nalguns casos, os membros foram meramente apresentados pois já tinham sido eleitos na reunião do grupo. Este método facilitou consideravelmente o processo (ver Caixa 10). O CPC tem as tarefas de preparar o plano comunitário, incluindo a recolha de informações sobre as soluções no cesto, de modo a avaliar a sua viabilidade e desenvolver as soluções em propostas mais completas.

No modelo moçambicano da EPPA, o Chefe do Quarteirão talvez deva automaticamente ser membro do CPC, junto com os membros vindos

---

Caixa 10 A selecção dos membros do CPC

No caso de Chamanculo C, a realização no plenário das eleições para selecionar um membro de cada grupo para o CPC criou muita confusão. O problema principal foi: quem teria direito de votar para os representantes - os membros do grupo relevante ou todos os participantes no plenário? Se o objectivo era assegurar a representação da comunidade, então todos os participantes deveriam votar. Por outro lado, se o objectivo era assegurar a representação dos interesses específicos de cada grupo, então cada grupo deveria escolher o seu representante. Estabelecemos que o CPC como colectivo representa a comunidade, mas cada membro representa interesses distintos e, assim, deveria ser eleito por seu grupo específico.

Contudo, houve uma questão mais prática: alguns grupos, mesmo aqueles que estavam muito activos nos encontros em separado, tiveram poucos membros presentes no plenário. Além disso, alguns grupos tiveram vários participantes que estiveram interessados em servir no CPC mas outros grupos tiveram dificuldades de propor um candidato.

Como resultado, os membros do CPC foram selecionados pelo plenário em vez de eleitos com aderência estrita à regra de um membro por grupo. Por isso, o CPC selecionado é de certo modo um grupo da elite da comunidade, constituído por participantes com maior nível de escolarização e mais segurança económica comparados com a maioria da população do bairro. Enquanto isso levante algumas questões de ética em relação a sua representatividade da comunidade, na verdade ajudou bastante a sustentar o trabalho do CPC pois os membros demonstraram capacidade e dedicação considerável para trabalhar para o bem de toda a população do quarteirão.

dos grupos. Embora se reconheça que o Chefe tem o poder de tomar a responsabilidade e assim pode limitar o empoderamento de outros indivíduos e grupos na comunidade, a discussão entre os participantes na EPPA sugeriu que os potenciais benefícios superam os riscos. Onde o chefe é um bom líder, ele (quase sempre é homem) dará confiança e credibilidade à comunidade e onde é fraco, poderia causar problemas se for excluído. Contudo, as suas outras responsabilidades e as restrições do tempo podem impedir a sua plena participação.

Passo 3: A recolha de informação/ as partes interessadas secundárias e retorno aos grupos

Uma vez acordada uma lista longa (cesto) de propostas, o CPC tem que trabalhar na recolha de informação sobre a viabilidade e o impacto de cada proposta. Essa informação pode ser recolhida através de consultas a indivíduos na comunidade que têm informação específica sobre uma proposta, devido às suas actividades económicas e/ou posição social. Mas também pode ser obtida a partir de consultas às partes interessadas secundárias que detêm os conhecimentos técnicos ou institucionais necessários para perceber os factores que poderão influenciar as possibilidades de sucesso de cada proposta (por exemplo, as entidades que poderiam ajudar na implementação dos projectos, tais como o município, provedores de serviços, empresas locais e ONGs).

Nisso, o CPC pode ser apoiado pelos facilitadores, especialmente para estabelecer contactos com as partes interessadas secundárias ou encontrar caminhos alternativos para a consulta ou obtenção de informação. Contudo, nessa etapa o objectivo é reforçar a dinâmica interna e externa do CPC para permitir que possa operar independentemente da equipa do projecto. O propósito geral deste passo é apresentar as constatações dos grupos e o cesto acordado de soluções possíveis e também obter a informação relevante sobre a viabilidade, os condicionalismos, as oportunidades e os actores chave em relação as soluções potenciais.

No caso de Chamanculo, em primeiro lugar o CPC apresentou a análise da comunidade e as soluções possíveis ao Secretário do Bairro (SB). No seu pedido de um encontro com o SB, o CPC sugeriu que fossem convidados outras partes interessadas secundárias. Desta maneira, o CPC conseguiu obter acesso aos tomadores de decisão em entidades relevantes – algo que normalmente seria difícil para os grupos da comunidade. O SB forneceu logo informações sobre as actividades e projectos das partes interessadas secundárias no bairro e aceitou compartilhar essa informação com o CPC. Contudo, a informação obtida de terceiros, como o SB, deve ser sempre verificada directamente com as entidades relevantes.

Nos municípios e provedores de serviços públicos, a informação segura só pode ser obtida a partir de funcionários de alto nível (Directores ou Chefes de Departamento), que muitas vezes são inacessíveis a grupos de moradores, como o CPC. Por isso, procuramos um intermediário para ajudar o CPC a ganhar acesso aos decisores. Tendo em conta que a EPPA foi realizada em parceria com parceiros locais (o FUNAB e a AVSI) o CPC confiou nestes parceiros para agir como interlocutores (Caixa 11).

Nessa etapa de recolha de informação, o CPC documentou toda a informação recebida das partes interessadas secundárias e outros sobre os condicionalismos, as oportunidades, a praticabilidade e os actores chave relacionados as suas soluções, de modo a permitir a elaboração de propostas viáveis e mais detalhadas. Para isso, o CPC foi dado sebentas, canetas e acesso a um computador e impressora. Se possível, deviam ter acesso também à internet para a comunicação por correio electrónico.

Caixa 11 Interlocutores no Chamanculo C

No Quarteirão 16A, esperava-se que o Projecto de Requalificação e/ ou a AVSI actuavam como interlocutores para o CPC. Na prática, o interlocutor principal foi o Fundo do Ambiente (FUNAB) do governo central, que foi instrumental na concepção do projecto. O FUNAB agiu como intermediário com a Associação Moçambicana de Reciclagem (AMOR), que se interessava no desenvolvimento de um projecto de separação e reciclagem de resíduos domésticos num bairro no interior da cidade de Maputo. Para o CPC esse projecto foi de grande interesse como meio para desencorajar o depósito ilícito de lixo e reduzir a quantidade de resíduos que têm que ser depositados nos contentores do município (que estão sempre cheios até o ponto de transbordar).

Ademais, quando a EPPA estava quase finalizada, o FUNAB organizou um workshop de um dia com as partes interessadas secundárias, no qual o CPC apresentou aos parceiros potenciais a sua análise das causas e impactos das inundações e as soluções sugeridas. O CPC aproveitou plenamente desta oportunidade e a sua apresentação atraiu o interesse do Director Municipal da Salubridade e uma importante empresa local, entre outros.

É mais fácil obter informações para algumas soluções comparadas com outras, e algumas soluções podiam emergir claramente como os mais prometedores. Assim, o desenvolvimento de ideias para propostas avança de forma mais rápida para algumas soluções. Em consulta com os grupos que representa, o CPC teria que tomar decisões sobre se se deve concentrar os esforços apenas nas opções mais prometedoras.

Passo 4: A avaliação e a análise das soluções

No Chamanculo C, o CPC decidiu avançar com o desenvolvimento das propostas mais prometedoras. Duas propostas chave pareceram urgentes e viáveis: o melhoramento da vala de drenagem e o estabelecimento de um centro de reciclagem (o 'Ecoponto'). A melhoria da drenagem tinha alta relevância para aumentar a resiliência face os futuros eventos ligados às mudanças climáticas. Por outro lado, a reciclagem emergiu de uma preocupação com o desenvolvimento sustentável, que em simultâneo iria melhorar a resiliência a futuros eventos climáticos, pela redução do lixo em áreas chave para a drenagem das águas, e contribuir para os objectivos de desenvolvimento pelo potencial de criar oportunidades económicas para a população local no processamento de resíduos. Nessa etapa é necessário identificar as questões que poderiam condicionar a viabilidade e o impacto do projecto. Por isso, o CPC realizou uma análise qualitativa (Análise 'STEPS'), utilizando as informações recolhidas na etapa anterior, para avaliar cada proposta em relação aos factores sociais, técnicos/financeiros, ambientais, político-institucional e sustentabilidade (ver o exemplo na Tabela 6),

Passo 5: Retorno para o público – Reunião da comunidade

Os passos 3 e 4 podem levar muito tempo para completar ou mesmo para alcançar uma fase em que o CPC tenha a confiança de que possa elaborar o plano/programa de propostas. No caso do Chamanculo C, as discussões sobre algumas propostas continuam e, dado à autonomia ganha pelo CPC, provavelmente continuarão depois da apresentação inicial do plano. Todavia, a equipa do projecto tem que convocar uma reunião 'final' da comunidade – 'final' no sentido que seria a última intervenção activamente orientada pelo projecto – para apresentar o progresso até aquele momento e formalmente verificar o trabalho do CPC e se as suas decisões ressonam com os debates e as preocupações iniciais da comunidade.

Na reunião da comunidade, o CPC apresenta o progresso e as outras realizações no processo de planificação, especialmente no que refere à

Tabela 6 Exemplo da análise STEPS realizada pelo CPC do Bairro de Chamanculo C

ANÁLISE STEPS DO PROJECTO 'RIXO' DE SEPARAÇÃO E RECICLAGEM DE LIXO	
SOCIAL	• Todos os grupos sociais beneficiarão de um bairro limpo.
	• Os catadores que ganham a vida a partir da venda de lixo para reciclagem beneficiarão porque terão a oportunidade de vender o lixo localmente no 'Ecoponto' sem ter que pagar o transporte até a lixeira mas, por outro lado, poderão sofrer por que a sua porção do mercado ficará reduzida.
	• O projecto criará emprego no Ecoponto.
	• O êxito do projecto dependerá da sensibilização e educação da comunidade (Quem fará? Ver a análise de políticas e instituições abaixo).
TÉCNICO-FINANCEIRO	• O CPC já procurou um sítio para o Ecoponto e a compostagem. A melhor opção parece ser o terreno vazio da SASNIC (Sul Africano) e existem boas possibilidades de sucesso das negociações com o titular. As suas vantagens são:
	✓ Próximo às famílias no bairro (mas não demasiadamente próximo)
	✓ Tamanho suficiente para acomodar a estação de compostagem
	✓ Segurança adequada (contra possíveis roubos)
	✓ Próximo à sede da associação AMANDLA.
	✓ Bom acesso para viaturas.
	Esse terreno está se tornando numa lixeira e esta tendência deverá ser revertida. Existem boas perspectivas de negociações frutíferas com o titular do terreno.
	• É preciso financiamento para equipamentos, materiais e outros investimentos necessários para iniciar o projecto (o RIXO está a procura de financiamento).
	• O RIXO dará capacitação aos trabalhadores.
	• O RIXO ajudará na identificação de compradores idóneos e na negociação de contratos para a venda do lixo.
AMBIENTAL	• O objectivo do projecto é melhorar significativamente o ambiente do bairro.
	• Fora do bairro, o projecto ajudará a reduzir a quantidade de lixo que tem que ir à lixeira/ aterro sanitário.
POLITICO-INSTITUCIONAL	• O projecto está alinhado com as políticas municipais para a promoção de reciclagem de lixo. Contudo, na prática actual do município, as entidades de recolha primária e secundária de lixo são remuneradas em função da quantidade de resíduos recolhidos, o que não é consistente com a separação do lixo a nível domiciliar/local. O projecto deverá reduzir significativamente o volume de lixo que tem que ser recolhido e por isso poderá ser oposto pelas empresas contratadas. Assim é imperativo que o município esteja envolvido no desenho detalhado do projecto.
	• O CPC/Associação AMANDLA faria a gestão do Ecoponto e a estação da compostagem.

Tabela 6 (Continuação)

ANÁLISE STEPS DO PROJECTO 'RIXO' DE SEPARAÇÃO E RECICLAGEM DE LIXO	
	• O CPC/ Associação AMANDLA também fará a gestão da limpeza da(s) drenagem(ns).
	• Outras instituições/actores envolvidos:
	✓ Município – Direcção da Salubridade (deverá aprovar o projecto?)
	✓ RIXO - AMOR
	✓ FUNAB (apoio e financiamento?)
	✓ Microempresa de recolha primária de lixo no bairro
	✓ Compradores de lixo
	✓ SASNIC (terreno e talvez outros apoios)
	✓ Outras empresas baseadas no bairro (ProCampo, Gavedra, Padaria, etc. – possíveis apoios)
	✓ DNPA-MICOA (capacitação para a sensibilização da comunidade).
	• Quem representará a comunidade na gestão do fundo ambiental a ser estabelecido com as receitas da venda de lixo?
	• O CPC deverá criar boas relações com o Secretário do Bairro para estimular o seu apoio para o projecto.
SUSTENTABILIDADE	• Apos uma fase piloto em 3 quarteirões, pretende-se que o Projecto RIXO se torne numa actividade permanente do CPC/ Associação AMANDLA
	• O objectivo é alcançar a autossuficiência financeira de modo a garantir a sustentabilidade (precise-se de mais análise, inicialmente pelo RIXO e depois através da experiência piloto).
	• A sensibilização e educação da comunidade são chave para a sustentabilidade.

análise das soluções. As partes interessadas secundárias podem também estar presentes, na condição de que nessa altura não interfiram na participação comunitária. A intenção é reafirmar o consenso alcançado nas fases anteriores ou revê-lo na luz da informação descoberta. No Chamanculo, a equipa do projecto convidou o FUNAB ao plenário e assim os representantes institucionais puderam ouvir às conclusões da comunidade e as suas visões do futuro. Nessa reunião foram necessários facilitadores para encorajar a audiência a contribuir com as suas opiniões e promover um verdadeiro diálogo entre o CPC e os outros participantes. O propósito deste passo é simplesmente obter um sentido de legitimidade que dará mais força à implementação das propostas e a sua apresentação em fóruns institucionais e formais, como explicado no Capítulo 4 abaixo. Os protocolos anteriores sobre a língua, a participação voluntária e o registo dos participantes mantiveram-se nessa reunião.

O debate na reunião da comunidade, as novas informações recolhidas e as propostas preliminares em conjunto constituíram a base da primeira versão do plano de adaptação.

A reunião constitui uma oportunidade para o CPC obter o retorno da comunidade e rever a sua análise. O CPC apresenta não só a análise STEPS mas também diversas informações subsidiárias e outros conhecimentos obtidos nas interacções com as partes interessadas secundárias, pois tudo isso pode ter relevância para a comunidade. Por isso, a reunião não deveria concentrar apenas nas propostas mas também nos actores chave, nas estratégias para ganhar acesso às instituições e na dinâmica social que poderia impedir ou facilitar o desenvolvimento da comunidade no contexto das mudanças climáticas. Os participantes podem responder através de diversas perguntas referentes tanto ao processo como aos resultados. Podem questionar o trabalho do CPC mas também podem contribuir para refinar as informações recolhidas e apontar para cursos alternativos de acção.

Idealmente, a reunião devia ajudar no aperfeiçoamento da análise STEPS mas na prática é difícil ganhar novas perspectivas numa reunião grande, talvez com a participação de mais de 50 residentes. Uma maneira de encorajar a reacção do plenário à análise STEPS é a facilitação de um exercício de 'visionamento'. Para isso, colocamos uma pergunta aberta: "Daqui 10 anos, que tipo de bairro gostaria de ver?", enfatizando a importância de considerar as mudanças climáticas como factor chave no exercício de visionamento. Os participantes escreveram as suas respostas em 'post-its' e os facilitadores leram as ideias em voz alta de modo a compartilhá-las com todos os presentes.

Passo 6: Finalização e implementação do plano de acção

Nesta etapa, o CPC devia finalizar o *draft* do plano e tomar os primeiros passos para a sua implementação, entrando em contacto com os parceiros chave e identificando os recursos disponíveis. A equipa do projecto devia tomar os passos necessários para se retirar do projecto, fornecendo aos membros do CPC todas as informações necessários para continuar o seu trabalho. A equipa do projecto podia decidir partilhar os recursos existentes com o CPC. Por exemplo, doamos ao CPC os gravadores, uma impressora e outros materiais.

Nesse passo é crucial verificar que o CPC tenha autonomia e esteja munido com um draft do plano de acção que constitui a espinha dorsal da acção futura. No Chamanculo, depois da reunião com a comunidade, a equipa do projecto redigiu um *draft* do plano de desenvolvimento compatível com o clima, que foi entregue à comunidade como um documento que o CPC poderia desenvolver. Procurou-se a assistência técnica (por exemplo, para a elaboração de mapas) do município e de outras partes interessadas/parceiros, com a intenção de preparar um plano atrativo incluindo brochuras e paneis de apresentação, conforme necessários, para utilizar em reuniões públicas no futuro.

Num outro exercício, o CPC elaborou apresentações do seu trabalho que foram compartilhados fora da comunidade num workshop de aprendizagem organizado pelo FUNAB em Junho de 2013. O workshop foi assistido por mais de 40 representantes de diversas organizações baseadas em Maputo. Aqui o CPC participou como os 'especialistas' sobre o desenvolvimento compatível com o clima na sua comunidade e os participantes foram convidados a aprender sobre Chamanculo C e as propostas da comunidade para o futuro (ver Tabela 7).

É preciso realçar que o processo da EPPA não é tão linear como descrito aqui para o fim de partilha de informação. Na prática, ocorre através de interacções múltiplas que são quase invisíveis aos analistas externas (Ver Caixa 12). O processo de EPPA, quando ajudar a comunidade a organizar-se com um CPC e apresentar as suas preocupações e prioridades em relação às mudanças climáticas, é um resultado em si só – mesmo se apenas aponta para o início de um processo que deveria continuar, na comunidade estudado e em outras comunidades em Maputo.

Após a sua análise da viabilidade e dos impactos das propostas, o CPC já iniciou um projecto de separação e reciclagem de resíduos, com a criação de um 'Ecoponto', para reduzir o depósito ilícito de lixo, facilitar a drenagem e melhorar a vida económica dos catadores pela redução dos seus custos de operação. Para conseguir isso, o CPC estabeleceu ligações iniciais com associações locais, operadores privados e ONGs. O CPC também identificou actores que poderiam apoiar a implementação de outras propostas e tomou passos para a formação de parcerias estáveis. Por último, o CPC começou um programa de educação ambiental, que irá estender as redes dentro da comunidade e com outros quarteirões e mobilizar os residentes para a limpeza e manutenção regular do canal de drenagem. Todas estas propostas dependem da criação de parcerias bem-sucedidas em prol do desenvolvimento compatível com o clima, um aspecto que examinamos no capítulo a seguir.

O processo não termina aqui. Esperamos que a comunidade estará envolvida na monitoria dessas iniciativas, avaliando a sua eficácia e procurando meios para a mobilização institucional para além do processo participativo. Embora conduzamos o projecto como uma experiência de

Tabela 7 Actividades no Workshop de Aprendizagem

Secção do Workshop de Aprendizagem	Objectivo	Actividades
1. *Boas vindas e apresentação da organização do workshop*	Criar um ambiente aberto para o diálogo, onde todos os participantes se sintam bem-vindos	Apresentação formal do FUNAB Introdução aos trabalhos do dia - CPC
2. *Objectivos e apresentações*	Apresentar o projecto e a base de evidência das mudanças climáticas que motivou o projecto	Apresentações pela equipa do projecto
3. *Demonstração do trabalho do CPC*	Apresentar os resultados do processo de EPPA e estabelecer a liderança do CPC nesse processo	Apresentações pelos representantes do CPC sobre 1) os impactos das mudanças climáticas no Chamanculo C; e 2) a experiência da EPPA
4. *Compromisso de instituições chave*	Convencer as instituições chave a se comprometer aos planos locais num evento público	Respostas abertas do MICOA e CMM às apresentações do CPC *Seguido por:* Debate pelo painel liderado pelo CPC e incluindo organizações internacionais, nacionais e da sociedade civil
5. *Debate sobre implementação*	Estabelecer a base para um plano de implementação com representantes da comunidade e instituições participantes	Grupos de trabalho elaboram propostas para implementação e apresentam-nas ao plenário
6. *Trabalho em redes*	Abrir oportunidades para desenvolver redes pessoais que mais tarde podem se tornar em parcerias	O workshop incluiu intervalos e momentos para trabalho em redes num ambiente descontraído, com lanches

aprendizagem, cremos que também ofereceu um meio para a comunidade incorporar as mudanças climáticas como uma estratégia de mobilização – não para tomar a responsabilidade para lidar com esse fenómeno mas sim para procurar caminhos para identificar responsabilidades e catalisar acções em diversas instituições na cidade.

Caixa 12 O processo de EPPA no Chamanculo: cronograma, questões e soluções

Data	Evento	Questões e soluções
Nov 2012–Jan 2013	**Preparação:** obter autorizações, identificar problemas, seleccionar a comunidade, identificar os grupos de interesse, selecionar e treinar os facilitadores	Critérios claros são necessários para a selecção da comunidade, grupos de interesse e facilitadores. A parceria com o projecto de requalificação e a ONG AVSI foi crucial para ter acesso à informação e facilitadores experientes.
26 Jan 2013	**Reunião de lançamento** na comunidade: identificar voluntários para se integrar nos grupos de interesse.	A reunião deve ser acessível a todos e fielmente registada. Isso implica: horário e local conveniente; uso da língua local com interpretação para forasteiros, registo dos participantes; gravação com transcrição em tradução. A representação dos grupos potencialmente marginalizados (por ex. os mais pobres) deve ser verificada.
26 Jan–9 Fev 2013	**1ª ronda de reuniões dos grupos** para conversar sobre as causas e os impactos das inundações.	As reuniões devem ser convenientes para os grupos. Houve poucos fundos para pagar os facilitadores para trabalhar nos Sábados, então persuadimos as Donas de Casa e as Vendedoras a reunir durante a semana.
13–23 March 2013	**2a ronda de reuniões dos grupos** para conversar sobre os possíveis impactos de cenários futuros e acordar uma matriz de causas e impactos.	Para não romper a fluidez da conversa, as Matrizes de Causa e Impacto não foram preenchidas durante as reuniões mas sim depois das reuniões pelos facilitadores, para enriquecimento nas segundas reuniões. As transcrições e traduções levam tempo; não pode haver pressa!
23 March 2013	**1a reunião em plenário** dos grupos: apresentação das constatações de cada grupo; consenso sobre o cesto de problemas prioritários e possíveis soluções; selecção do CPC.	Os facilitadores deviam preparar uma lista consolidada de todas as propostas dos grupos, como base para criar consenso sobre as questões prioritárias. Para acelerar a selecção dos membros do CPC, cada grupo podia eleger a sua representante na sua 2ª reunião. Os membros do CPC precisam de ser capazes e proactivos; líderes influentes podem ser convidados ao CPC.
April–May 2013	**Recolha de informação, pelo CPC,** sobre problemas prioritários e possíveis soluções; reuniões com interessados secundários.	O CPC pode precisar de assistência para obter informações detidas pelo governo central/ local, serviços públicos, indústrias locais, etc. Assim é importante desenvolver parcerias (por ex. com ONGs locais). O CPC pode também precisar de apoio material (acesso a computador, impressora, internet)

Caixa 12 (Continuação)

Data	Evento	Questões e soluções
1 June 2013	**2a reunião em plenário** dos grupos: CPC dá retorno sobre problemas prioritários e possíveis soluções; *'visionamento'*.	O CPC devia manter informados os outros membros dos grupos e, se possível, envolvê-los na análise STEPS. Se não for possível, visionamento pode ser uma contribuição menos morosa à análise.
June 2013	**Recolha de mais informação pelo CPC**, com interessados secundários, análise 'STEPS' das soluções promissoras.	Formação e facilitação são necessárias para a 1a análise STEPS; depois o CPC será capaz de realizar outras análises sem apoio.
29 June 2013	**Reunião da comunidade** para apresentar progresso e acordar as acções prioritárias e o *draft* do Plano de Adaptação.	A facilitação dessa reunião é desejável para assegurar e gravar o diálogo entre o CPC e a comunidade e assim salvaguardar a legitimidade do Plano.

3.4. Lições chave

- Uma implicação metodológica chave da aplicação da EPPA em Maputo é que os residentes locais, mesmo aqueles com pouca escolarização, são capazes de entender informação sobre o clima se existir um ponto de entrada que relaciona a informação às suas próprias experiências - por exemplo, às inundações.

- Uma abordagem estruturada ao planeamento participativo responde à diversidade e ao desequilíbrio do poder na comunidade mas, na prática, os facilitadores precisam de adaptar para responder às preocupações locais à medida que surgirem.

- O planeamento participativo ajudou os residentes locais a tornar as suas preocupações visíveis e convincentes às instituições do governo e empresas locais, assim ganhando para os residentes o devido reconhecimento de seu papel na sustentação da sociedade e economia da cidade.

Capítulo 4
A Criação de Parcerias para o Desenvolvimento Compatível com o Clima

O desenvolvimento de redes é importante para o estabelecimento de resiliência perante as mudanças climáticas e incertezas futuras[1], As redes representam ligações e fontes de recursos disponíveis aos vários actores, por exemplo, após uma calamidade ou quando tomar acções para o desenvolvimento sustentável. No contexto de implementação de projectos (isto é, no DCC), as redes deveriam progredir para a criação de parcerias. As parcerias representam arranjos flexíveis entre dois ou mais actores dentro de uma rede, a fim a agir em conjunto para um objectivo comum. As parcerias nem sempre precisam de ser formalizadas ou permanentes mas, mesmo assim, constituem uma tentativa formalizada de avançar com acção em prol de bairros sustentáveis capazes de enfrentar as questões do desenvolvimento compatível com o clima.

Nesta secção investigamos as realidades da criação de parcerias para a governação no contexto do clima, reconhecendo a diversidade e a desigualdade que marcam a população urbana desprivilegiada. A secção começa com a exploração da pergunta: 'o que é uma parceria?' Isto leva à consideração dos princípios que sustentam as parcerias bem-sucedidas. Aqui emergem dois desafios: 1) como estabelecer a parceria em relação à percepção do contexto no qual será implementada; e 2) como contestar os potenciais desequilíbrios de poder que podem impedir o funcionamento da parceria. A abordagem da EPPA, apresentada no capítulo anterior, é um método importante para enfrentar esses desafios durante a constituição de uma parceria.

---

1   E. Boyd, & C. Folke, 2011, *Adapting Institutions: Governance, Complexity and Social-Ecological Resilience* (Cambridge University Press, Cambridge).

4.1. O que é uma parceria e como funciona dentro de um contexto urbano?

Ao considerar o fornecimento de serviços públicos, as parcerias frequentemente são identificadas como os acordos entre instituições públicas e privadas. Estes acordos altamente formalizados, a maioria das vezes com base comercial, emergiram para responder às percepções que algumas entidades do governo são ineficientes e incapazes de fornecer os serviços urbanos. Contudo, esse modelo representa uma percepção muito limitada das parcerias no contexto do desenvolvimento compatível com o clima.

Ao invés, as parcerias podem ser vistas como uma forma de governação ambiental cooperativa. A governação ambiental cooperativa ocorre quando os actores com interesses diferentes encontram mecanismos para 1) desenvolver uma percepção comum de um problema; e 2) coordenar a acção para responder ao problema[2]. Na arena das mudanças climáticas, a governação ambiental cooperativa poderia ajudar no estabelecimento de um diálogo entre valores sociais múltiplos e cursos de acção concorrentes.

Como forma de governação ambiental cooperativa, as parcerias podem ser vistas como uma relação dinâmica entre actores que compartilham um problema comum e estão dispostos a trabalhar em conjunto para a sua resolução[3]. No contexto das mudanças climáticas, as parcerias são importantes porque oferecem uma oportunidade para ligar as acções de diversos actores que operam em diferentes escalas e, assim, elas podem ser suficientemente flexíveis para lidar com futuros incertos e novas exigências de desenvolvimento.

Estabelecer uma parceria significa reconhecer as capacidades dos diferentes actores para intervir e conceber estratégias para maximizar as sinergias. Por um lado, os actores na parceria precisam de reconhecer os interesses e capacidades dos outros parceiros (mutualidade), Por outro, eles precisam de manter o seu objectivo original e não estar sujeitos à cooptação dentro da parceria (identidade). Apenas as relações fundamentadas numa alta mutualidade e identidade constituirão verdadeiras parcerias, ao invés de formas menos cooperativas de trabalho entre duas organizações (Tabela 8).

---

2   P. Glasbergen, 1998, *Co-operative Environmental Governance: Public-Private Agreements as a Policy Strategy* (Springer Verlag, London).

3   J. M. Brinkerhoff, 2002, 'Government–nonprofit partnership: A defining framework' *Public Administration and Development* **22**, 19–30; P. Glasbergen, F. Biermann, A. P. Mol, 2007, *Partnerships, Governance and Sustainable Development: Reflections on Theory and Practice* (Edward Elgar Publishing, Cheltenham).

Tabela 8 Características de uma parceria de trabalho (Adaptado de Brinkerhoff 2002)

		Mutualidade	
		Baixa	Alta
Identidade	Alta	Contrato	Parceria
	Baixa	Extensão	Cooptação e absorção gradual

As parcerias não são necessariamente ocorrências raras. Podem emergir espontaneamente de uma necessidade comum quando organizações e grupos sociais diferentes percebem que podem trabalhar em conjunto para realizar um objectivo comum. Em Maputo, por exemplo, já existem exemplos de parcerias bem-sucedidas entre entidades do governo, o sector privado formal e informal e comunidades (ver Caixa 13).

Em resumo, existe uma necessidade importante de ir para além das percepções rígidas de parcerias de fornecimento de serviços públicos como arranjos público-privado e, ao contrário, olhar as possibilidades múltiplas

---

Caixa 13 Exemplos de parcerias em curso em Maputo

PARCERIA PARA A REDUÇÃO DE RISCO DE CALAMIDADES EM MOÇAMBIQUE

Esta parceria entre o UN-Habitat e o Instituto Nacional de Gestão das Calamidades (INGC), uma entidade governamental, trabalha no sentido de avaliar ao nível nacional os riscos de calamidades. Visto que os parceiros reconheçam a importância de incorporar as prioridades locais, os cidadãos são envolvidos através de consultas públicas.

PARCERIA PARA A RECOLHA E RECICLAGEM DE LIXO EM MAPUTO

AMOR, uma ONG para a reciclagem, trabalha em parceria com catadores de lixo e organizações da sociedade civil que fazem a gestão do lixo. O estabelecimento de centros de recolha apoia essa parceria.

PARCERIA PARA O ABASTECIMENTO DE ÁGUA NAS ÁREAS DESPRIVELIGIADAS EM MAPUTO

FIPAG (O Fundo de Investimento e Património de Abastecimento de Água) apoia o financiamento de pequenos operadores privados de abastecimento de água. Esses podem cobrir as áreas desprivilegiadas melhor do que o sistema normal de abastecimento de água.

---

que podem abrir para parcerias cooperativas com o fim do desenvolvimento compatível com o clima nas cidades. Para fazer isso, os indivíduos que trabalham em prol de uma parceria precisarão de 1) identificar os participantes; 2) desenvolver interesses comuns; e 3) estabelecer os compromissos. Para entender como desenvolver essas diversas etapas, agora consideramos os princípios que regem a construção de parcerias.

4.2. Os princípios para o estabelecimento de parcerias

As parcerias não pretendem influenciar os acontecimentos de forma directa, mas sim, pretendem criar redes e ligações que facilitarão as mudanças sociais, ambientais e tecnológicas. Ao fazer isso, as parcerias frequentemente surgem da necessidade de responder em simultâneo a dois desafios: desenvolver uma solução colectiva para um objectivo comum já acordado, e estabelecer um diálogo entre as instituições e organizações de modo a apoiar esse objectivo comum. Em vez de um acordo formal com tempo determinado, uma parceria é um processo iterativo que apoia o desenvolvimento de uma visão comum – e assim um objectivo comum – e reconhece as capacidades e possibilidades dos diversos parceiros para alcançar esse objectivo. Um acordo sobre a realização de uma acção comum deveria ter em conta as capacidades de todos os parceiros bem como o seu papel no contexto político.

O que é que poderia alimentar o processo de desenvolvimento de parcerias? Desenvolver parcerias significa, sobretudo, juntar esforços colectivos para avançar na mesma direcção. Enquanto as parcerias possam ser orientadas para o envolvimento de grupos sociais diversas, mais frequentemente são lideradas por um núcleo de indivíduos que têm a capacidade e a vontade de impulsionar a parceria para frente. As vezes o núcleo emerge de dentro do sector da população que pode se beneficiar da parceria. Por exemplo, os representantes da comunidade que defendem os interesses da população urbana desfavorecida podem se organizar de modo a defender activamente os seus interesses. As organizações locais poderiam ganhar vantagem através de parcerias de modo a fazer a sensibilização e captar recursos disponíveis fora do seu espaço de ação local. Outras vezes, uma diversidade de intermediários, preocupados de ouvir a voz das comunidades desfavorecidas, interpõem-se para estabelecer uma parceria. Esse tipo de acção poderia ser especialmente relevante nas parcerias para o desenvolvimento compatível com o clima, onde as preocupações locais precisam de ser equilibradas com as considerações das mudanças climáticas à escala do planeta.

A existência de um núcleo ajuda a evitar as situações nas quais toda a gente está preocupada com um determinado problema – o desdobramento das mudanças climáticas em Maputo – mas ninguém está a iniciar ou liderar a acção. Em particular, o núcleo terá que tratar as considerações práticas e específicas, necessárias para pôr a parceria em prática (ver Caixa 14). Essas considerações vão desde a abertura de um diálogo até o estabelecimento dos termos desse diálogo em relação aos participantes, aos recursos necessários e aos prazos nos quais os diversos actores actuam. A identificação de um ponto de entrada comum pode ser um aspecto chave, pois alguns parceiros podem precisar de um estímulo para se envolver na parceria. Outros parceiros podem se envolver nas etapas posteriores da parceria, quando algumas intervenções já estão a decorrer e a eficácia da parceria já foi demonstrada.

Existe uma diferença entre as parcerias e outras formas de governação cooperativa que se concentram apenas no estabelecimento de um diálogo entre actores que intervêm em separado. A parceria serve de mediador para uma forma de acção cooperativa que é comum para todos os parceiros e, portanto, não pode ser alcançada pelas suas intervenções em separado. Assim, uma parceria eficaz é uma entidade independente, para além dos parceiros. Isto significa que os parceiros precisam de chegar a um acordo sobre o seu compromisso à parceria e, em particular, sobre os recursos colectivos que irão suportar a parceria e o prazo para a sua operação.

As parcerias podem facilitar a junção de interesses diversos e distintos, definidos em escalas diferentes e dependentes de uma diversidade de conhecimentos e percepções das prioridades de desenvolvimento compatível com o clima. Todavia é preciso um esforço consciente para juntar os parceiros e conseguir que eles se comprometem aos objectivos da parceria, independente dos seus próprios objectivos. Para isso, é crucial considerar como a parceria irá trabalhar dentro do determinado contexto e, em particular, como a parceria irá: 1) fortalecer as instituições existentes (em vez de replicar os esforços existentes); 2) reconhecer os interesses mutuais e as capacidades dos parceiros; 3) ganhar a vontade política; 4) desenvolver arranjos flexíveis que abrem as portas a futuros parceiros e adaptem-se a um novo ambiente; e 5) divulgar os resultados e demonstrar eficácia.

No contexto da incerteza discutida no Capítulo 2, o desenvolvimento de parcerias pode exigir uma estratégia de experimentação; isto é: uma estratégia de 'aprender-fazendo' na qual os parceiros reconhecem que todos têm 'o direito a errar'. Nessa maneira as parcerias podem facilitar estratégias que emergem do diálogo aberto entre os participantes e que vão para além das propostas do "negócio normal" *(business-as-usual)*. Ao mesmo tempo, o sucesso do processo dependerá da medida na qual a parceria se adeque

Caixa 14 Algumas questões práticas relevantes para o estabelecimento de uma parceria

QUEM SÃO OS PARCEIROS? As parcerias podem ser activamente iniciadas por um dos parceiros que recruta entidades que apoiam a sua causa, mas só serão frutíferas se todos os parceiros potenciais reconhecem o seu interesse comum dentro da parceria. Às vezes, uma parceria também precisa de alistar parceiros cuja contribuição ao objectivo geral não está clara mas que têm a capacidade de agir como porteiros dentro do contexto particular no qual opera a parceria.

O QUE É O PONTO DE ENTRADA PARA A PARCERIA? Enquanto o interesse comum possa não estar óbvio no princípio, é preciso ter um ponto de entrada pelo que todos os participantes possam se envolver no diálogo. Por exemplo, em Maputo a gestão dos resíduos foi um bom ponto de entrada porque é uma questão de interesse actual que se relaciona às vulnerabilidades existentes e ao potencial para o desenvolvimento sustentável.

O QUE É A BASE DE CONHECIMENTO E COMO PODE SER COMUNICADA ENTRE OS PARCEIROS? O desenvolvimento de uma parceria requer a transferência de conhecimentos e habilidades entre os parceiros. Isto é essencial para o desenvolvimento de uma visão comum. Contudo, muitas vezes, o desafio é de reconhecer os conhecimentos detidos pelos outros parceiros. Parceiros não-técnicos podem não se engajar com informações técnicas, se essas não forem facilmente entendidas, interpretadas e postas em prática. Igualmente, os parceiros técnicos podem não reconhecer o conhecimento contextual importante detido por outros parceiros, desde a compreensão do quadro institucional para as operações de emergência ao reconhecimento das maneiras específicas em que a acção da comunidade pode melhorar a resiliência.

QUAL É O PRAZO DA PARCERIA? Questões de prazos são cruciais quando se trata do desenvolvimento e das mudanças climáticas. Frequentemente, os objectivos de desenvolvimento têm prazos curtos, se existe uma necessidade imediata de intervir num contexto específico, ou se as intervenções são moldadas por parceiros com interesses de curto-prazo (como empresas). No que refere às mudanças climáticas, engajar com informações sobre o clima implica adoptar prazos mais longos, especialmente

Caixa 14 (Continuação)

quando o objectivo é reduzir a vulnerabilidade. Todavia, às vezes seja possível reduzir o prazo da intervenção pela consideração de eventos específicos, tais como os padrões sazonais de precipitação. O estabelecimento de um prazo apropriado para a realização de metas colectivas dependerá do contexto da parceria. Contudo, os prazos devem ser, por um lado, suficientemente curtos para suportar a implementação de acções mas, por outro lado, suficientemente longos para evitar que as preocupações imediatas fechem as possibilidades de realizar acções com uma perspectiva mais ambiciosa para responder às preocupações de todos os parceiros na parceria.

QUE RECURSOS SÃO NECESSÁRIOS DENTRO DA PARCERIA E QUE MECANISMOS FINANCEIROS SÃO DISPONÍVEIS? A parceria representa os esforços colectivos de todos os parceiros, mas para ter sucesso, os parceiros terão que trabalhar para incorporar mecanismos para financiar a parceria de forma independente. Frequentemente, as parcerias são uma maneira de alavancar os recursos que não estariam disponíveis para qualquer um dos parceiros trabalhando isoladamente.

QUE MECANISMOS PODEM ASSEGURAR A FLEXIBILIDADE DENTRO DE UMA PARCERIA? As parcerias dependerão da sua capacidade de se adaptar a novas condições, para lidar tanto com a incerteza inerente às questões das mudanças climáticas como com novas exigências institucionais dentro do contexto urbano. A flexibilidade pode depender de um processo progressivo de desenvolvimento da parceria.

A PARCERIA SERÁ SUSTENTÁVEL? As parcerias não representam apenas um diálogo entre os parceiros mas também precisam de ser constituídas de forma independente e orientadas para a sua sustentabilidade. A demonstração de eficácia é uma outra estratégia para promover a sustentabilidade. Contudo, a necessidade da parceria depende também da medida em que os objectivos já foram alcançados. Uma vez que forem alcançados, a parceria pode não ser necessária mais.

ao contexto existente da sua operação e se baseia nas redes existentes. Um desafio chave para uma parceria de sucesso é compreender como funcionará dentro de um determinado contexto.

Uma outra crítica de parcerias refere à medida na qual dependem de negociações realizadas num ambiente carregado de poder. Idealmente, as parcerias deveriam ser entendidas como entidades que promovem o debate fora do domínio altamente institucionalizado das políticas ambientais e, em particular, abrem espaços para as vozes dos marginalizados no processo de formulação de políticas[4]. Todavia, na prática as parcerias poderão depender da eficácia do núcleo para lidar com as relações existentes centradas no poder e as suas possibilidades de mediar as intervenções dos actores menos poderosos dentro da parceria.

No contexto das mudanças climáticas, podem surgir lutas sobre quem chega a definir os benefícios que a parceria deve trazer, e a favor de quem. As preocupações com a vulnerabilidade na cidade já indicam que a pobreza urbana e a prestação dos serviços urbanos são as áreas chave de intervenção no desenvolvimento compatível com o clima. Contudo, os actores poderosos – especialmente aqueles com capacidade de se articular com os discursos globais de desenvolvimento e obter financiamento internacional – podem moldar o objectivo colectivo para atender aos seus próprios interesses e, atraindo soluções pré-estabelecidos (por exemplo, a privatização, investimento de capital, o desenvolvimento de infraestruturas), usar a parceria como um meio para legitimar as intervenções que respondam aos interesses das elites dominantes. Assim, a cooptação é um risco que surge das dificuldades de alguns actores nas parcerias de estabelecer uma identidade forte dentro da parceria.

Posto isso, a parte restante deste capítulo reflecte sobre a melhor maneira de gerir os dois principais desafios que surgem na constituição de parcerias bem-sucedidas. O primeiro desafio é como desenvolver uma parceria no seu contexto – que responde às realidades e às preocupações dos parceiros intervenientes – enquanto também criar o espaço para trazer novas ideias e inovações que tornarão a parceria numa entidade única que valerá a pena. O segundo desafio é como desenvolver uma parceria com base de uma perspectiva que aborda explicitamente as relações de poder, permitindo que os actores menos poderosos possam ganhar força e visibilidade através do desenvolvimento de uma identidade colectiva.

---

4   T. Forsyth, 2007, 'Promoting the "development dividend" of climate technology transfer: Can cross-sector partnerships help?' *World Development* **35**, 1684-98

4.3. Entender as parcerias no seu contexto

Pensar sobre o contexto significa entender o conjunto de condições inter-relacionadas dentro das quais ocorre o processo de desenvolvimento da parceria. Tendo em conta que a parceria se constrói num conjunto de relações sociais, as condições que moldam essas relações ajudarão a entender o seu processo de desenvolvimento. Mapear os diferentes actores que intervêm no contexto e como eles podem influenciar a formação da parceria e a realização dos objectivos é um passo para perceber o contexto da parceria. O mapeamento dos actores revela a multiplicidade de interesses e valores que intervêm no desenvolvimento compatível com o clima num determinado local e, assim, também revela os constrangimentos e os desafios para a parceria conforme percebidos pelos diferentes actores.

O mapeamento dos actores identificará os actores que podem intervir no desenvolvimento compatível com o clima e as relações entre esses actores. Para os fins da parceria, o núcleo precisa de entender quem são os actores chaves, quais são os seus interesses, que papel eles têm actualmente na governação para o clima naquela cidade em particular e que outro papel poderiam desempenhar. A Caixa 15 mostra um exemplo da caracterização do núcleo no projecto participativo em Maputo, bem como a sua motivação. Os principais papéis são:

- O facilitador: um indivíduo (ou grupo de indivíduos) com capacidade de dar orientações e acarretar de forma discreta um processo de negociação entre os potenciais parceiros.
- O campeão: o acesso às instituições pode precisar a intervenção de um 'defensor da parceria' que é baseado numa instituição e assim é capaz de estabelecer ligações locais.
- Comunicadores de conhecimento: os parceiros poderiam precisar de utilizar conhecimentos de várias fontes durante as negociações com os outros parceiros e para facilitar a implementação.

Entender quem está integrada no núcleo, qual é o papel e quais são os interesses de cada actor, ajuda não só a desenvolver as estratégias apropriadas para a criação de parcerias mas também a incorporar a flexibilidade, através da identificação e compreensão das questões importantes para cada parceira e das áreas onde o compromisso seria possível. Também ajuda no estabelecimento de vias para encontrar outros actores que podem intervir na parceria.

Caixa 15 Os papéis activos no processo de estabelecer a parceria no Chamanculo C

O FUNAB desempenhou um papel chave como campeão da necessidade de envolver os cidadãos urbanos em qualquer decisão sobre o desenvolvimento compatível com o clima em Maputo. As motivações do FUNAB eram garantir que as suas políticas estavam legítimas e assumir a liderança na resposta às mudanças climáticas. Através do desenvolvimento do projecto, a equipa da pesquisa tentou encontrar outros campeões tais como representantes institucionais do Município.

Inicialmente, os investigadores das três universidades participantes desempenharam o papel de facilitadores. A sua motivação principal foi experimentar maneiras inovadoras para implementar o desenvolvimento compatível com o clima numa cidade como Maputo. No entanto, dentro do projecto houve uma forte preocupação com a criação de sustentabilidade e, portanto, o projecto ajudou a transferir a função de facilitador para o CPC, uma vez estabelecido, através da intervenção de consultores locais e da ONG AVSI.

A equipa de investigação fez uma avaliação completa dos actores que tinham conhecimento relevante à situação em Maputo. Ao fazer isso, estabeleceu relações com os actores que já estudaram o impacto das mudanças climáticas na região (como o PNUD e UN-Habitat) e os actores que tinham conhecimentos profundos dos processos de planeamento na cidade (por exemplo, os investigadores da Universidade Eduardo Mondlane). A equipa também desenvolveu redes que incluíram actores que tiveram a experiência prática da construção de parcerias na cidade, especialmente a Associação Moçambicana de Reciclagem, AMOR.

O mapeamento completo dos actores não só facilitará a identificação dos actores que podem participar ou mediar na parceria mas também contribuirá à compreensão dos constrangimentos enfrentados por alguns actores dentro do contexto existente, bem como as relações que podem ser necessárias para estabelecer a parceria com sucesso ao nível local. Em vez de investigar apenas os interesses dos actores, o objectivo aqui é mapear as capacidades em relação tanto às possibilidades de acção pelos actores como às questões políticas no local, para identificar as áreas de engajamento potencial e as entidades com capacidade de abrir e fechar as barreiras à acção.

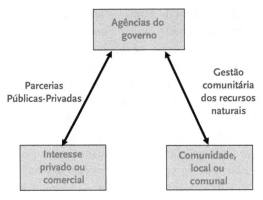

Figura 4
Modelos de governação ambiental cooperativa
(adaptado de Plummer e Fitzgibbon, 2004).

O núcleo pode trabalhar para identificar uma 'lista longa' de actores importantes, através de *brainstorming* e entrevistas preliminares. O pensamento actual sobre a governação ambiental cooperativa pode informar esse processo. A Figura 4, por exemplo, mostra a perspectiva dominante na literatura que estudou exemplos de parcerias, tanto entre instituições do governo e o sector privado (parcerias públicas-privadas) como entre instituições do governo e comunidades (gestão comunitária dos recursos naturais). Esta perspectiva fornece um ponto de partida para pensar sobre os parceiros potenciais e os seus interesses.

Contudo, este modelo limita o potencial para as parcerias se adaptarem de forma flexível a novas demandas e à incerteza inerente no desenvolvimento compatível com o clima. Em primeiro lugar, o modelo não reflecte o facto de que, na prática, as parcerias surgem a todos os níveis, com o sem a intervenção do governo. O apoio institucional é importante mas pode ocorrer sem a instituição ficar formalmente parte da parceria; por exemplo, nas parcerias para a recolha de lixo em Maputo, o governo fornece apoio mas não faz parte central da parceria. Os governos podem desenvolver estratégias de facilitação para desenvolver acções que estão fora das suas capacidades.

Mais, as capacidades podem existir fora do governo. Em Maputo, por exemplo, o FUNAB estava sobrecarregado e os funcionários muitas vezes não tinham a capacidade de responder a alguns dos desafios que surgiram durante o projecto. Assim, embora o FUNAB fosse o campeão para o projecto, foi necessário procurar pessoal fora do FUNAB, dentro da Universidade Eduardo Mondlane, para gerir o projecto (ver Caixa 15).

Desembaraçar o mapa de actores é uma tarefa difícil num contexto urbano onde camadas múltiplas operam em simultâneo. Mais, a identificação dos actores dependerá das consequências das mudanças climáticas e das possibilidades de responder aos seus impactos naquele contexto específico. Em Maputo, a adaptação às mudanças climáticas emerge como uma prioridade no que refere à gestão dos resíduos sólidos e de água, diferentemente de que outras cidades onde o consumo de energia e a redução de emissões de carbono podem ser as principais prioridades. Ademais, a acção de lidar com as mudanças climáticas também está relacionada a questões de prazos. Desenvolver a sensibilidade de que as mudanças climáticas já estão a ocorrer – por exemplo, apontando a relação entre as mudanças climáticas e as cheias recentes – é uma estratégia para convencer os representantes das instituições (os Presidentes dos Conselhos Municipais) e do sector privado da necessidade de agir em parceria. Além disso, pensar a longo prazo (o tipo de pensamento que sustenta o desenvolvimento compatível com o clima) pode ser um luxo nos contextos políticos onde as instituições já estão sobrecarregadas ou faltam as capacidades adequadas para responder aos actuais desafios de desenvolvimento.

O debate sobre o desenvolvimento compatível com o clima relaciona-se muitas vezes com a necessidade de lidar com questões de escala; por exemplo, como um problema global pode ser gerido num contexto local. Em geral, as parcerias permitem a interacção dos actores independentemente do seu âmbito de intervenção. Mais, os parceiros trabalham juntos para um objectivo comum, que pode ir além de responder aos seus interesses particulares. Os actores podem estar a actuar em domínios públicos e privados em simultâneo, assim dissolvendo esses limites. Assim, quando pensar sobre parcerias, deve-se entender que os actores operem num contínuo. Isso desafia as percepções fixas de escala e da divisão entre o público e o privado. A Figura 5 mostra alguns exemplos de actores que podem estar a intervir em parceria, independentemente da sua caracterização no contínuo permeável de escala e de caracterização público- privado.

Por fim, pensar sobre parcerias também requer a caracterização dos interesses e constrangimentos sob os quais os actores operam. Isto pode necessitar de um trabalho moroso do núcleo, na comunicação e troca de informação com os potenciais parceiros, por exemplo através de entrevistas. Em vez de ver a entrevista como um mero meio de recolher informação, em Maputo usámo-la como uma forma de influenciar os potenciais parceiros e ganhar o seu apoio para a parceria. Compreender o que pode ser realizado e como o outro parceiro poderá contribuir a essa realização é uma

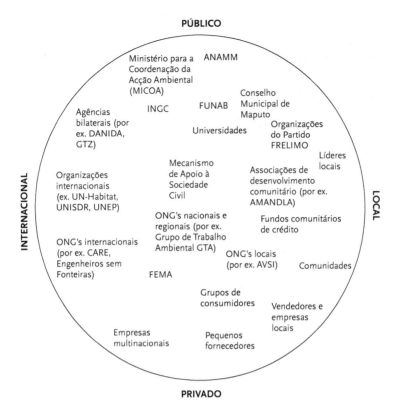

Figura 5

Resumo do mapeamento dos actores para o desenvolvimento compatível com o clima em Maputo, ao longo dos eixos de escala e carácter público/privado.

estratégia para conseguir que a entrevista seja suficientemente persuasiva. Contudo, a entrevista é também um espaço de negociação, no qual tanto os entrevistadores como os entrevistados podem redefinir os seus próprios interesses e objectivos.

Uma preocupação chave no nosso projecto foi compreender até que ponto as diferentes organizações relacionadas ao clima se identificaram com as preocupações do desenvolvimento compatível com o clima. Por isso, após as consultas aos informantes chave, um exercício de mapeamento dos actores constituiu parte importante do projecto. O mapeamento examinou especificamente as atitudes sobre o desenvolvimento compatível com o clima dos diversos actores, e até que ponto cada actor abordou directamente os compromissos entre a adaptação e a mitigação das mudanças climáticas e as preocupações mais amplas de desenvolvimento, ou aproveitou das sinergias entre esses aspectos. Consideramos 73 organizações

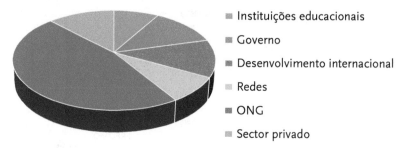

- Instituições educacionais
- Governo
- Desenvolvimento internacional
- Redes
- ONG
- Sector privado

Figura 6
A distribuição dos actores na amostra.

que têm o potencial para intervir em prol do desenvolvimento compatível clima em Maputo.[5] Essas incluíram ONGs, agências de desenvolvimento internacional e instituições do governo, entidades do sector privado, redes locais e instituições acadêmicas (Figura 6).

Depois disso, examinamos as dimensões do desenvolvimento compatível com o clima – mitigação, adaptação e desenvolvimento – que foram priorizadas em cada organização, de acordo com os seus objectivos

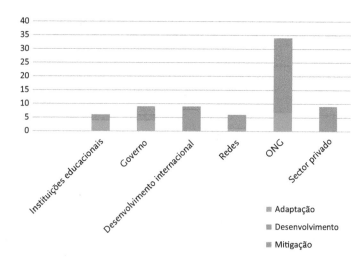

Figura 7
As principais orientações dos diversos actores em Maputo em relação às mudanças climáticas.

---

5   V. Castán Broto, D. Macucule, E. Boyd, J. Ensor, & C. Allen (2015). 'Building collaborative partnerships for climate change action in Maputo, Mozambique', *Environment and Planning A*, **47**(3), 571–87.

e documentos de políticas. A Figura 7 indica que, apesar de uma consciência crescente sobre as mudanças climáticas, o desenvolvimento mantêm-se como principal prioridade na maior parte das instituições. Poucas priorizam a adaptação e ainda menos a mitigação. Achamos surpreendente a reduzida importância dada à mitigação, tendo em conta a urgência dos desafios de adaptação em Maputo e as vulnerabilidades claramente expostas durante as inundações nas últimas duas décadas. As vezes, a mitigação é visto como parte integral de intervenções de desenvolvimento, dando-lhes valor acrescentado, em vez de ser visto como um objectivo próprio. Muitas vezes, é ligada a intervenções de planeamento urbano que concentram numa futura cidade sustentável. Para desenvolver estratégias para parcerias, é importante reconhecer não só os objectivos distintos de cada organização mas também como esses ligam às diferentes preocupações.

O estabelecimento de parcerias com uma organização pode implicar mais investigação sobre as suas práticas e políticas. No nosso projecto, sentimos que essa investigação é uma área importante onde a nossa equipa acadêmica poderá apoiar as comunidades. Seleccionámos organizações importantes da amostra e entramos em contacto com elas para entrevistas em profundidade.

A equipa principal elaborou uma lista longa de perguntas com o objectivo de levar as entrevistas a revelar como os actores entendem os assuntos das mudanças climáticas em Maputo; a sua perspectiva sobre a estrutura actual de governação; a relação entre os diferentes actores; e o potencial para as parcerias e o planeamento participativo terem um impacto no contexto de Maputo (ver Tabela 9). Todavia, uma lista longa de perguntas nem sempre é a maneira mais apropriada de envolver os parceiros potenciais. Essa abordagem funciona melhor quando a razão pelo diálogo é pouco entendida ou quando o núcleo é liderado por pessoas externas (com foi o caso neste projecto). Em Maputo, por exemplo, quando o CPC tomou as responsabilidades do núcleo após o término da EPPA, conseguiram envolver potenciais parceiros para propostas concretas de desenvolvimento que não precisaram de uma discussão mais ampla dos objectivos organizacionais.

4.4. Ganhar a visibilidade para corrigir os desequilíbrios de poder

As parcerias surgem em contextos sociais específicos, nos quais cada actor tem diferentes capacidades para alterar o curso de acção. Isto não significa

Tabela 9 A lista completa de perguntas para os potenciais parceiros

Os principais objectivos da entrevista em relação aos principais objectivos do projecto	A pergunta contribuiria a:	Perguntas amostras
Compreender os cenários das mudanças climáticas para Maputo, no contexto real.	A compreensão do actor sobre as actuais questões ambientais em Maputo, por exemplo: • Inundações • Lixo e saneamento • Segurança de água • Segurança alimentar • Terra • Poluição	• Na sua opinião, que são as principais questões ambientais em Maputo? • Pode explicar como as questões ambientais referidas podem afectar os diferentes grupos da população da cidade?
	A compreensão do actor sobre os impactos potenciais das mudanças climáticas, por exemplo: • Inundações • Subida do nível do mar • Ilha de calor • Segurança alimentar • Outro	• [se não for mencionado acima] Até que ponto as mudanças climáticas são uma questão relevante em Maputo? (sim/não, pedir explicação) • [Se "sim"] Explicar os principais desafios em relação as mudanças climáticas em Maputo.
	A compreensão do actor sobre os factores de vulnerabilidade, por exemplo: • Pobreza • Desigualdade • Acesso aos recursos e serviços • Habitação • Meios de sobrevivência	• Quem são os principais actores afectados por estes problemas? • Que são os factores principais que afectam a vulnerabilidade dos diferentes actores em Maputo? • Pode explicar como cada um dos factores mencionados afecta os diferentes grupos da população?
Compreender o contexto actual da governação	A compreensão do papel que as instituições podiam desempenhar para o desenvolvimento compatível com o clima. Deveria começar a pensar sobe desenvolvimento urbano e desenvolvi-mento social e as suas implicações para o DCC.	• Quais são as principais instituições que influenciam o planeamento do desenvolvimento urbano em Maputo? • Como é que elas intervêm? Recursos? • Como é que elas se desenolveram? • Qual é o papel do governo local? E do governo central? E de quaisquer outros actores que quer mencionar? • Até que ponto elas são capazes de lidar com os problemas acima referidos?

Tabela 9 (Continuação)

Os principais objectivos da entrevista em relação aos principais objectivos do projecto	A pergunta contribuiria a:	Perguntas amostras
	O papel atribuído ao participação do público	• O que quer dizer a participação do público no seu trabalho?
		• Que são os mecanismos para dar a voz a diferentes grupos do público na governação actual?
		• Quem fica excluído? Porquê? Que mecanismos existem/ deveriam existir para chegar aos excluídos? Que apoio está disponível (se existe)? Quem é mais difícil a atingir? A voz de quem é ouvida e influencia mais as acções?
		• Existe o orçamento participativo? (Podia explicar que sabemos que o orçamento participativo está a operar nalgumas zonas de Maputo). Como funciona?
		• Se eu fosse cidadão de Maputo, que alternativas teria para conseguir que a minha voz fosse ouvida pelo governo local/ governo central (talvez referir a instituições ou processos específicos).
Compreender os actores que intervêm nas mudanças climáticas	A compreensão de como os actores apresentam as actuais iniciativas que estão a tomar face as mudanças climáticas/ o meio ambiente.	• Pode descrever resumidamente algumas iniciativas relacionadas com as mudanças climáticas/ inundações/ eficiência energética e segurança energética/ água e saneamento/ segurança alimentar e dos recursos/ poluição, na sua organização? E quem está a liderar estas iniciativas?
		• Como é que essas iniciativas se tornaram possíveis?
		• Qual é o seu impacto, até agora?
	A compreensão das percepções dos actores de outras iniciativas que abrangem a cidade. Considerar: • O governo central • O governo local • Outra entidade do governo • Organizações internacionais e ONGs • Organizações locais da sociedade civil • O sector privado e comércio • Académia	• Quem são os principais actores em Maputo que estão a tomar acção face as mudanças climáticas/ inundações/ eficiência energética e segurança energética/ água e saneamento/ segurança alimentar e dos recursos/ poluição? • Que são as principais iniciativas nessas áreas? • Qual é o impacto dessas iniciativas, até agora?

Tabela 9 (Continuação)

Os principais objectivos da entrevista em relação aos principais objectivos do projecto	A pergunta contribuiria a:	Perguntas amostras
	A compreensão das percepções locais sobre quem são as pessoas mais activas e influentes	• Quem pode promover acção em resposta às mudanças climáticas (ou para o meio ambiente)? **Ou** quem são as pessoas mais influentes e activas, em termos de acarretar acção para o clima/ambiente? • Como é que eles intervêm com as instituições formais? • De onde vêm os recursos para essas iniciativas? • Como é que a mudança realmente acontece?
Compreender a operação na prática de parcerias em Maputo	A compreensão da operação de parcerias em Maputo	• Você trabalha numa parceria? Explicar. • Está ciente de alguma parceria a operar actualmente em Maputo em qualquer das áreas acima mencionadas? • (Se não foi mencionada) Que é a sua opinião da parceria de gestão dos resíduos sólidos que está a operar em diversas comunidades (talvez é preciso mais detalhe)? • (Em relação a essas experiências, que são as vantagens e desvantagens de trabalhar em parceria?)
	A compreensão do potencial de parcerias no contexto de Maputo	• (Em relação às respostas às perguntas anteriores) Que é a sua opinião de parcerias como um meio para fornecer serviços urbanos/ambientais no contexto de Maputo? • Existem outras formas mais efectivas de governação/ fornecimento de serviços? Explicar.
	A compreensão de quem são os actores principais, sem os quais não podemos agir.	• Quem é que você precisa para alcançar os seus objectivos? Há alguém que está a obstruir a realização dos seus objectivos? • (Se você queria fazer uma parceria para responder às mudanças climáticas – ou gestão ambiental – em Maputo, quem são os principais actores que precisaria de alistar?) • (Existem alguns actores que você excluiria? Porquê?)

Tabela 9 (Continuação)

Os principais objectivos da entrevista em relação aos principais objectivos do projecto	A pergunta contribuiria a:	Perguntas amostras
Compreender o potencial de planeamento local para as mudanças climáticas	• Os arranjos actuais para planeamento	• Está familiarizado com o contexto actual de planeamento em Maputo? Pode nos dar uma vista geral? • Que foram as principais mudanças no sistema de planeamento local nos últimos anos? • Na sua opinião, como se pode melhorar o sistema actual de planeamento?
	A integração das mudanças climáticas no planeamento	• Até que ponto você acha que as mudanças climáticas podem ser integradas no actual sistema de planeamento? • Pode explicar as barreiras e as oportunidades para a integração das mudanças climáticas no sistema actual de planeamento?
	A integração do planeamento entre as várias escalas.	• Até que ponto existe espaço para trazer novas vozes para o sistema actual de planeamento? • As comunidades, em particular dos assentamentos informais, podem participar no processo de planeamento? Que são as barreiras à sua participação?

que apenas alguns actores (por exemplo: o governo, empresas privadas transnacionais) podem desenvolver e contribuir a uma parceria. Ao contrário, a abordagem de parcerias ajuda a reconhecer as capacidades múltiplas que existem no meio urbano, dos cidadãos, organizações e redes. O desenvolvimento compatível com o clima surge de numerosas acções, específicas ao seu contexto, e não apenas das grandes estratégias e planos directores.

Contudo, não se pode subestimar as dificuldades de estabelecer uma parceria que responde às preocupações dos cidadãos num contexto onde alguns actores têm as capacidades não só para prevenir que os menos poderosos possam intervir mas também para moldar os resultados de acordo com os seus próprios interesses. O risco de cooptação é o desafio principal para parcerias. Às vezes, os esforços para criar uma parceria apenas promovem os interesses de alguns dos actores envolvidos; por exemplo, quando uma parceria é usada como o meio para privatizar serviços. Alguns parceiros terão em simultâneo que tomar a liderança, de modo a mudar a direcção dos eventos para evitar uma situação de impasse onde o diálogo não leva a acção nenhuma (ou mesmo impede as possibilidades de acção).

Para que as comunidades possam ser colocadas no centro do desenvolvimento compatível com o clima, é preciso enfrentar as questões de poder; ou seja, considerar até que ponto as comunidades podem ter uma identidade forte dentro de uma parceria. A EPPA pode contribuir para a criação de uma identidade forte em duas maneiras: 1) pela auto-organização da comunidade num comité representativo; e 2) pela elaboração de uma mensagem forte de propostas para o desenvolvimento compatível com o clima, sintetizada no plano de acção. Ambas são condições necessárias para a participação da comunidade na parceria. Contudo, não são condições suficientes. Por exemplo, a comunidade – e o comité – podem ser vistos como clientes, colocando demandas que devem ser atendidas por outros actores do governo ou do sector privado (por ex. aprovação de novos regulamentos, disponibilização de emprego). As comunidades podem descobrir, através da EPPA, que algumas das suas demandas são de facto deste tipo, para as quais já existe uma organização que deve responder. Nestes casos, a EPPA pode contribuir à exposição de instituições ineficazes ou de recursos inadequados. Contudo, isto não é conducente a um acordo de parceria.

No entanto, na maioria das vezes, como em Maputo, o processo de EPPA revelará uma série de propostas nas quais a própria comunidade pode intervir, mas só com o apoio de outros actores institucionais. Nesses casos, a comunidade não pode ser visto como um cliente que demanda certas acções mas sim como um parceiro com conhecimentos cruciais de como as mudanças climáticas interagem com as actuais vulnerabilidades. Assim, para a comunidade ganhar identidade, é preciso desenvolver os meios para a sua representação (através de um processo como EPPA) e o seu reconhecimento.

Contar com o apoio de um campeão ou uma instituição é apenas um dos possíveis meios para ganhar reconhecimento. No projecto, concentramos na integração de mecanismos de reconhecimento dentro da concepção do projecto (ver Caixa 16).

As estratégias cooperativas podem ser suficientes para atrair o interesse de parceiros potenciais, especialmente quando já existe o apoio

Caixa 16 Estratégias para ganhar reconhecimento para a comunidade

Usamos três estratégias para ganhar reconhecimento para a comunidade:

- Dentro da EPPA faz-se pela incorporação das partes interessadas secundárias que poderiam se tornar em parceiros das comunidades desde o início do processo.

- Perto do fim do processo da EPPA organizamos um workshop de aprendizagem com partes interessadas múltiplas, identificadas através do mapeamento dos actores. O workshop foi conduzido pelo comité da comunidade e apoiado por apresentações fortes feitas por residentes locais.

- Aproveitamos da capacidade do FUNAB de actuar como campeão do projecto, facilitando o estabelecimento de redes através de entrevistas e encontros informais.

institucional para o trabalho em curso. Nesta situação, as comunidades precisam de reavaliar as suas demandas através da criação de uma frente comum e sólida – isto é, uma mensagem colectiva clara que emerge através do processo da EPPA.

A questão aqui é como avançar do ganho de reconhecimento à obtenção de um compromisso das partes envolvidas. Envolver actores poderá exigir um processo permanente de transmissão de informação e debate sobre as áreas comuns onde podem surgir o interesse mútuo. Contudo, isto não quer dizer necessariamente que os parceiros acordam a fazer algo e se comprometem a um curso de acção no futuro. Às vezes as declarações públicas e privadas de compromisso podem ser suficientes para assegurar um trabalho em favor dos objectivos da parceria, quando esses podem ser alcançados pelas acções dos membros em separado. As formas de acção colectiva que têm altos custos de transacção podem precisar de meios formais de compromisso, como um memorando de entendimento ou um contrato. Os arranjos detalhados dependerão da natureza da acção proposta e das relações entre os parcerios.

Contudo, em Maputo como nos outros lugares, o reconhecimento não é um dado. Às vezes as comunidades terão que trabalhar para ser vistas. Isso pode significar trabalhos de consciencialização ou mesmo de pressionar os líderes políticos ou do sector privado a juntar-se às demandas da comunidade. Nesses casos, os representantes da comunidade tornam-se em activistas, comprometidos com os seus objectivos na prossecução da mudança social. No entanto, antes de se engajar neste tipo de actividade, é importante assegurar que exista uma meta clara e uma mensagem compartilhada que a comunidade quer comunicar. A EPPA é concebida como um processo para definir essa meta, em forma detalhada. O mais claro o caminho para a implementação, o mais provável que alguns dos actores se comprometerem a seguir esse caminho. Uma vez que a meta for definida, três estratégias podem ser aplicadas para criar a sensibilidade e a pressão: 1) desenvolver formas de organização local tais como, por exemplo, uma rede para alavancar os recursos locais de modo a criar uma base ampla de apoio para as propostas; 2) divulgar amplamente a mensagem através das médias locais e nacionais; e 3) realizar acções simbólicas que podem ter como alvo organizações e indivíduos específicos. O tipo de estratégias que serão as mais adequadas dependerá do contexto da intervenção. Em geral, as acções que mostram a capacidade local de mobilização têm maior probabilidade de gerar uma resposta das instituições e autoridades competentes. Para os grupos que pretendem trabalhar no sentido de uma parceira, a avaliação dessas respostas (especialmente se forem negativas) será uma actividade chave para o desenvolvimento de caminhos para a negociação.

Às vezes a visibilidade pode ser ganha apenas pelo oportunismo, isto é, pela interligação com os debates em curso. Por exemplo, a gestão dos resíduos tem sido uma preocupação de longa duração em Maputo e isso ajudou a criar um ponto de entrada para uma parceria futura entre FUNAB, as comunidades locais e outras organizações que já intervêm nessa área. Isso ajudou o melhor entendimento de como a sua experiência prévia de parcerias poderia ser ampliada para responder às preocupações do desenvolvimento compatível com o clima.

4.5. Lições chave

- O que diferencia as parcerias de outras formas de governação ambiental é o compromisso dos parceiros de trabalhar para um objectivo comum.

- Os papéis dos parceiros dentro da parceria dependem das necessidades da parceria em vez dos interesses dos parceiros.
- Quando entram numa parceria, os actores menos poderosos deviam elaborar uma estratégia para evitar a cooptação. Os aspectos chave dessa estratégia são o estabelecimento de uma posição clara e o desenvolvimento de métodos para ganhar a visibilidade e o reconhecimento.

Capítulo 5
Conclusão e caminhos para frente

Este livro fornece ideias e metodologias para o fomento e estabelecimento de parcerias para o desenvolvimento compatível com o clima que realmente reconhecem as preocupações e necessidades das comunidades locais, especialmente das comunidades onde vivem as pessoas desprivilegiadas e as mais vulneráveis aos impactos das mudanças climáticas. Nessa perspectiva, os cidadãos devem estar no centro da parceria. Por isso, o nosso projecto trabalhou para elaborar metodologias que podem ajudar os cidadãos a organizar-se e construir uma visão comum para comunicação a outros parceiros. Essas percepções baseiam-se nas nossas experiências de desenvolver parcerias em Maputo. No entanto, as experiências ainda estão em curso e ainda é um desafio ganhar e manter o compromisso de todos os parceiros. Todavia, a experiência sugere que as estratégias adoptadas, de ajudar os cidadãos urbanos a criar uma identidade forte antes de entrar numa parceria e de desenvolver diálogo com potenciais parceiros, com uma forte consideração do contexto, são úteis para o estabelecimento de parcerias funcionais para o desenvolvimento compatível com o clima.

Em conjunto, os processos de trazer informações sobre as mudanças climáticas ao nível local, mobilizar as comunidades e promover a formação de parcerias, fornecem três visões claras sobre como alcançar o desenvolvimento compatível com o clima num contexto urbano.

Em primeiro lugar, as parcerias precisam de ser montadas dentro dos contextos existentes. Na maioria das vezes, como em Maputo, o contexto pode ser extremamente complexo, com sistemas diversos de instituições paralelas que se desenvolveram ao longo da história da cidade. Paradoxalmente, devido à maneira como as mudanças climáticas transformaram a paisagem da governação urbana, é possível que nessa complexidade não existem instituições competentes para estabelecer um diálogo amplo sobre as mudanças climáticas.

No segundo lugar, o nosso projecto procurou preencher esta lacuna pela criação de uma instituição de baixo para cima mas sensível à análise liderada pelos especialistas e de cima para baixo, das necessidades de acção sobre as mudanças climáticas em Maputo. Assim, na EPPA criou-se um Comité de Planeamento para o Clima (CPC) formado de cidadãos que percebem o que as mudanças climáticas poderiam significar para os moradores do Chamanculo C. Também são capazes de recolher informações relevantes e apresentar as suas visões e análises das prioridades da comunidade a actores poderosos, que podem tornar as propostas da comunidade em realidade.

No terceiro lugar, o processo dependeu de dois factores crucais. Por um lado, a experiência revelou o potencial inexplorado na comunidade - os conhecimentos, habilidades e entusiamo latentes dos moradores locais que, com um pouco de apoio externo para a facilitação e acesso às redes, conseguiram organizar e comunicar os seus interesses e demandas para desenvolvimento compatível com o clima. Por outro lado, foi fundamental o papel das instituições nacionais, especialmente o FUNAB, em apoio a esse processo, tanto em termos de colocar a questão na agenda como em termos de fornecer apoio financeiro e opções para implementação no futuro. O FUNAB reconheceu a necessidade de desenvolver capacidades institucionais para entender as preocupações locais e tomou a posição de campeão do projecto, facilitando o trabalho em rede com instituições-chave.

O estabelecimento de processos de planeamento participativo de larga escala para o desenvolvimento compatível com o clima, pode aparecer um gasto de recursos e de tempo. Precisa do apoio activo da comunidade, da convicção que o processo contribuirá ao melhoramento do seu bairro e sua cidade e da certeza que as suas visões para o futuro da cidade serão reconhecidas e tomadas em consideração pelos gestores da cidade. Idealmente, as experiências como a nossa deviam oferecer novas percepções aos gestores e planeadores da cidade, para ver a deliberação como um meio chave para assegurar o futuro da cidade e ao mesmo tempo incorporar as informações sobre as mudanças climáticas. Contudo, numa situação onde a capacidade para planeamento está desafiada e decimada, as informações sobre as mudanças climáticas são dificilmente disponíveis e os consultores internacionais aparentemente oferecem modelos prestigiosos e rápidos para acção em relação às mudanças climáticas, o planeamento participativo pode parecer uma curiosidade dispendiosa. Não é nada disso. O planeamento participativo e deliberativo – desde o planeamento pelas comunidades até os debates entre os interessados – pode ser o caminho mais eficiente para enfrentar o maior desafio na história da humanidade. É o caminho o mais eficiente e também o mais correcto.

Será possível traduzir a experiência de Maputo para outros contextos urbanos na África, onde as mudanças climáticas colocam desafios claros? Desencorajamos os leitores a tomar a nossa experiência em Maputo como exemplo de uma 'melhor prática'. Quando se tratar de problemas complexos e valores múltiplos, é muito provável que os exemplos das 'melhores práticas' irão distrair a atenção da natureza real do problema em vez de proporcionar uma solução pronta-a-usar.

Ao contrário, o processo de entender o contexto e formular soluções adaptadas especificamente a esse contexto é inerente na experiência participativa. A nossa experiência no Chamanculo C é um experimento, pois envolve um processo de aprendizagem em aberto. Não tínhamos certeza sobre o que fazer no Chamanculo C mas tínhamos certeza da necessidade de olhar pela vida diária dos cidadãos urbanos e como eles percebem as suas próprias vulnerabilidades, de modo a facilitar o desenvolvimento compatível com o clima. O planeamento participativo oferece diversos métodos que podem ajudar a desembaraçar as questões de vulnerabilidade e dar poder às comunidades para que ganhem tanto a representação como o reconhecimento das suas preocupações e capacidades latentes. Contudo, não é uma receita para acção mas uma alavanca para ideias possíveis. Em vez de promover a acção acrítica, pretendemos ultrapassar a paralise que poderia surgir da compreensão do contexto incerto do desenvolvimento compatível com o clima. A este exemplo esperamos juntar outros que destacam tanto o potencial como os desafios do planeamento participativo. Em Maputo, o processo participativo foi o meio para construir e compartilhar uma compreensão dos desafios enfrentados pelas comunidades no contexto das mudanças climáticas. São necessários prazos mais longos para mostrar se as ideais da comunidade são praticáveis.

Index

Page numbers in **bold** indicate a Box or Table, *italics* denote an illustration

Indice

Números de página em **bold** indicam uma Caixa ou Tabela, *itálicos* denotam uma ilustração

CPSIA information can be obtained
at www.ICGtesting.com
Printed in the USA
LVHW081210060921
696819LV00020B/94

9 781910 634202